中学の知識でわかるアインシュタイン理論

大方 哲

Satoru Ohkata

Einstein theory knowledge of a junior high school shows

楓書店

中学の知識でわかるアインシュタイン理論

まえがき

筆者がアインシュタインという人の名前を聞いたのは多分小学校の頃だったと思います。とにかく凄い天才であったという話しは覚えています。再びアインシュタインと出会うことになったのは、企業に勤めるようになってからのことです。たまたま、光関係の仕事をしていたので、光電効果の論文を読んだのですが、筆者の専門の化学分野の話しは理解出来ても、物理学的なものは全く手に負えませんでした。しかし、その論文にはなぜかとても心惹かれるものがありました。そこでその後も三大論文に興味を持って挑戦してみたのですが、なかなか手強いなという感じでした。しかし、研究していくうちにアインシュタインが結論として得た最終的な理論式は実はとても簡単な式になっている、ということに気づいたのです。そして、実際にこれらの式はいろいろなところで使われているのです。

さらに好奇心をかきたてられ、いつの間にかアインシュタインに関する本を夢中になって読みまくっていました。すると、難解な理論を残しながらも、アインシュタイン自身はとてもシンプルに理論を組み立てていたのだという気がしてきたのです。

アインシュタイン自身は、「自分の頭は普通の人よりゆっくり回っているようだ」と語っています。そして、彼の伝記を読むと、それを立証するような少年時代の考え方が述べられています。その一つが子供の時代に父親からもらったコンパスです。磁石の針がなぜいつも北の方向を向くのか？　このことをアインシュタインは大学に入学してからもずっと考え続けます。それが相対性理論の基礎になっているのです。

問題を易しく考えると言う方法を模索しているうちに、アインシュタインの三大論文をいかにわかりやすく説明するかという考えにいたりました。

アインシュタインの理論はたしかに難しいものですが、その基礎になる考えは中学で習う数学や理科の知識なのです。

そして、彼の考えを理解していくと、科学とはいかに面白いものか、柔軟に考えることや創造することがいかに大切であるかが、わかってくるのです。本書において筆者が最も伝えたかったのは、その部分です。

筆者のこの意図がわずかでも理解されることを願いつつ。

大方　哲

Contents

第1章　アインシュタインの頭の中

イグ・ノーベル賞の受賞盾に描かれている図

この「考える人」のポーズは、イグ・ノーベル賞を目指すならば“自由に考えよ“ということを意味しているのかも知れない。

アインシュタインの頭の中

皆さんは〝学ぶ〟が〝まねる〟の意味から転化した言葉であることはご存じでしょうか。この本は、アインシュタインが良く口にしていた「科学教育ではどんな問題でも子供に分かり易く伝えるべきだ」という彼の考え方をたどってみたものです。

アインシュタインの伝記を読むと、難解だと言われている相対性理論の問題を考え始めたのは、たった2つの単純な疑問がきっかけだったことがわかります。1つは、父親から貰った磁石の磁針がなぜいつも北を指すのか？　2つ目は、もし自分が鏡を持って光の速度で走りながら自分の顔を写そうとすると、自分はどのように見えるだろうか？　中学生の頃から考え始めたこの2つの疑問が偉大な論文へと導かれるのです。

アインシュタインは最初、非常に単純に問題を考え、それを次第に複雑に処理し、これを数学的に解くという考え方に到達したのです。そこで、本書は、アインシュタインが学んでいた中学生時代の考え方をたどることで、彼の理論を紐解こうと試みたものです。

イグ・ノーベル賞というものをご存じの方も多いと思います。イグ・ノーベル賞のイグは「不名誉な」という意味を持ちます。しかし、実際には不名誉な賞などではなく、非常にユニークな科学的な研究に与えられる賞となっています。2013年には日本人が受賞者に輝きました。その研究テーマは「たまねぎを切ると涙が出るのは何故か」を解明したものです。

これまで、たまねぎを切ると涙が出るのは、催涙成分が放出されるからであることは分かっていました。ハウス食品の今井真介氏は、さらにこの考えを進め、たまねぎの中にある涙の化学反応を仲介する酵素を発見し、これを用いることで涙の出ないたまねぎを作ることが可能であることを証明したのです。

イグ・ノーベル賞の受賞盾にはロダンの「考える人」が、台座から転がり落ちたような図が描かれています。しかし、イグ・ノーベル賞の研究内容には最近かなり有用なものが多く、この図は科学には自由な発想力が必要である、という解釈もできるのです。

この考え方からするとアインシュタインこそ、イグ・ノーベル賞に相応しい研究者と言えるのではないでしょうか。

アインシュタインは「どんなに難しい問題でも子供でも理解できるように説明しなければならない」と説いています。

ところが当のアインシュタインは、子供が理解できるような書はほとんど残していません。

アインシュタイン自身は、どんな難しい理論を考える場合でも、最初は出来るだけ簡単な実験を頭で描くようにしていたようです。これは「思考実験」と言われるものです。しかし、最初に考えた単純な状況を、物理的状態に置き換えて数式化して複雑に展開していったため、大変難解な形になったようです。

例えば、彼が相対性原理を考えるきっかけになったのは、少年時代の、「もし、自分が光と同じ速度で走ることが出来たら自分の姿は鏡にどんな風に写るだろうか」という疑問だったと言われています。つまり、彼の思考の発端は子供が持つ「なぜ、こんなことが起こるの？」という疑問の解決にあったのです。

この発想を重要視したアインシュタインは、問題を出来るだけ簡単にする方法を常に考えていたのです。その例の一つとしてアインシュタインがある少女に数学を分かり易く教えたという逸話がありますので、それをご紹介しておきます。

少女に教えた数学

これはアインシュタインがプリンストン高等研究所にいたときの話です。ある日、アインシュタインの住まいに一人の少女が訪ねてきました。その少女は、

「学校で出された数学の宿題がちっともわからないで困っていたら、友達があなたのお家の近くにアインシュタインという有名な数学者が住んでいると教えてくれたんです。この問題の解き方を教えてもらえませんか」と言ったそうです。

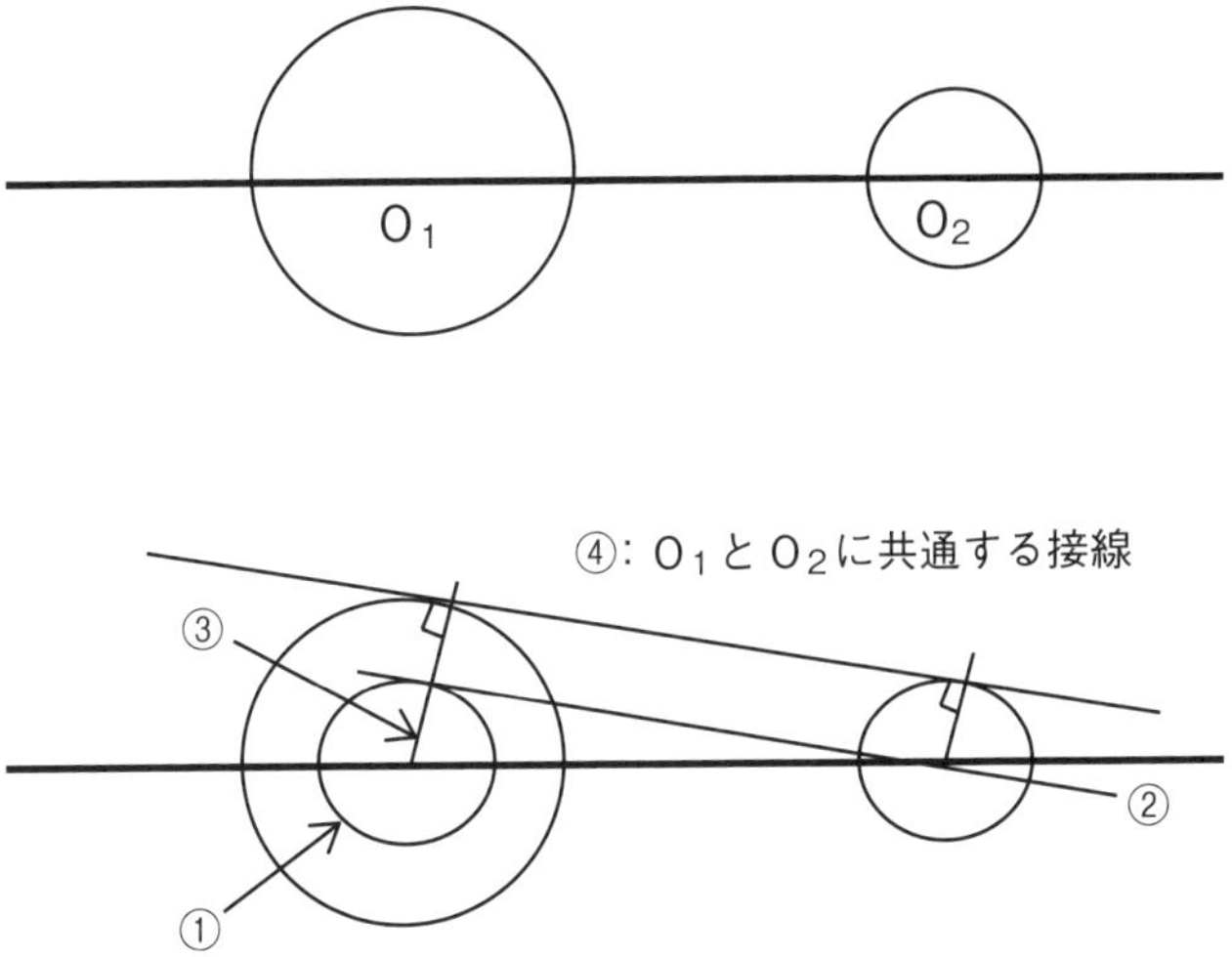

アインシュタインが少女に教えた数学、上の図は問題、下の図はアインシュタインが少女に教えた解き方

このときアインシュタインが少女に教えたメモが残されています。（上図参照）あまり数学に興味のない方はこんな解き方があるんだと、ただ見て頂くだけで結構です。

少女が出された宿題は、「円O_2と、直径が2倍の大きさの円O_1が直線状に並んでいる場合、この両方の円に共通する接線を引きなさい」という問題だったようです。これに対しアインシュタインは、次の4つの手順を少女に教えたと考えられています。

①大きい円O_1の中に同じ中心点をもつ小さい円O_2をコンパスで書く。

②円O_2の中心点から円O_1の中に書いた円O_2に接する線を引く。

③円O_1の中に書かれた円O_2に接する接線の交点に向けて円O_1の中心点から円O_1の上まで直線を引く。そしてこれと平行した直線を円O_2の中心点から引く。

④円O_1上の交点と円O_2上の交点を結ぶ直線を描く。これが共通の接線となる。

アインシュタインがプリンストン高等研究所教授時代に居住していた家。

この中でアインシュタインは少女に非常に重要なことを教えています。それは、円に接する直線、つまり接線というのは円の中心から引かれた線と交差する点の角度は必ず90度（直角）になっているということです。

以来、少女は数学に興味を持つようになったのです。この話を聞いた母親は驚きすぐにアインシュタインの家にお礼に行きました。その時アインシュタインは、

「いやいや、礼にはおよびませんよ。私の方こそお嬢さんとお話しすることでいろいろ学ばせてもらいましたから」と答えたそうです。

この時少女と母親が訪ねたアインシュタインの家が写真に残っています。この家は今でも住居

として住んでいる方がいるそうです。

無名の青年が解いた3大難問

１９０５年は、奇跡の年と呼ばれています。

当時の高名なフランス人物理学者アンリ・ポアンカレは解明できない問題を３大難問として掲げていました。それは、

①光電効果現象
②ブラウン運動
③相対性理論

の３つの理論です。

ところが、この３つとも全く無名の一公務員がたった1年の間に解いてしまったのです。この難問を解いたその人こそが、当時26歳のアルバート・アインシュタインです。筆者はこの時もう一つの奇跡が起こったのだと考えています。それはこの難解な3論文が権威のある「ドイツ物理学年報」に採択されたということです。

研究者の間では学会誌に投稿した論文が、実際にはどの位の確率で採択されるのかがよく話

題にのぼります。例えばイギリスの科学雑誌「ネイチャー」に投稿する場合、その採択率は８％以下であると言われています。ところがアインシュタインの場合は、たった1年の間に投稿された4件の論文の全てが採択されているのです。

今から１００年以上前には、その採択率はもっと厳しかったはずです。当時は学位を取得していなければ大学教授には絶対なれませんでした。しかし、アインシュタインは学位を取得しておらず、彼が大学教授になれたのは、大学卒業後９年も経てからのことでした。また、アインシュタインは物理学会の外にいる特許局の一公務員という存在でしたし、そして何よりもこの３大論文はあまりにも難し過ぎました。この論文の中には、１９１９年になった時点でも世界で３人の物理学者しか理解できないと言われていた「相対性理論」が含まれていました。これらの難論文を読みこなせる物理学者が存在していたことが不思議に思えるくらいで、彼の論文が学会誌に掲載されるのは通常では考えられないことでした。

アインシュタインは大学卒業後、すぐに学位論文を母校の大学に数件提出していますが、いずれも却下されています。その中には「相対性理論」も含まれていたのです。

では、どうしてアインシュタインの論文が突如採択されたのでしょうか。筆者はその時の学会誌の編集者が高名な物理学者マックス・プランクだったからだと思っています。この２人の天才の運命的な出会いが20世紀の物理学を大きく変えることになったのです。つまり[2]（奇跡）が起こったのです。前にも述べたように、３大論文の中にはあの超難解な「相対性理論」が含まれていました。プランクはアインシュタインの他の2つの論文の価値は十分に理解したと思われますが、「相対性理論」についてはそれ程理解していなかったと考えられています。しかし、プランクという物理学者は物理学にたいしては常に真摯に向き合うというタイプの学者でした。ですから後年ヒトラーの命令でユダヤ系の科学者を追放せよとの命令を受けたとき、断固としてこの指示を拒否しています。アインシュタインの「相対性理論」についても、十分人を納得させる論文ではなかったとしても、新しい考え方で問題を処理していることを高く評価したのだと思われます。このような学問に対する真剣な態度がアインシュタインを救ったのではないでしょうか。

もし、このときの編集者が後にアインシュタインと敵対することになったノーベル賞を受賞したレーナルトやシュタルクのような物理学者だったら、これらの難解な論文は直ちに却下されていた可能性が高かったでしょう。

アインシュタインは奇跡的と言われる3大論文を発表した後すぐに有名になったわけではありません。それから4年ほど経てもほぼ無名の存在でした。このことは次に紹介しますが、アインシュタインがこの3論文を発表するまでの経緯を考えると、非常に不遇な青年時代を過ごした若者であったことが見えてきます。

アインシュタインの伝記を読むと、少年時代はぼんやりした子供だったと描かれています。幼少期は決して神童でも天才でもなかったのです。ただしアインシュタインは、語学、歴史などは不得意でしたが数学、物理学には秀でていました。彼は自分の得意分野に進むために工学・物理学があるスイスのチューリッヒ工科大学を受験します。しかしその受験には失敗してしまいます。

ところが思わぬ幸運が彼に訪れます。それは、アインシュタインの答案を見たチューリッヒ工科大学の学長が、彼の数学的才能を認め、彼に1年間アーラウ高等学校で学ぶことを提案します。それは、無試験でチューリッヒ工科大学に入学することの出来る方法でした。

さらに幸運が重なります。それは、寄宿先に紹介してもらったところがヨスト・ヴィンテラー教授の家だったことです。ヴィンテラー教授は、鳥類学者で言語学者でもあり、非常に知的で温厚な人物でした。そしてその一家は子供7人を含む賑やかな家庭でした。アインシュタインは、その1年間をこの知的な家族の中で過ごすことが出来たことを晩年までずっと感謝していました。

この教授と出会ったことが、アインシュタインの中に秘められていた才能を開花させたのです。

チューリッヒ工科大学を卒業した1900年に、アインシュタインにとって将来の夢を奪われるような出来事が起こりました。望んでいた大学での助手の職が得られず、やっと得られた職が高校の臨時教師。この最も苦しい時代、アインシュタインはヴィンテラー教授宅を度々訪問しています。未来に希望が持てず心が落ち込んでいたこの時期、鳥類学者宅での知的な会話、食事、散策などが彼の気持ちを和らげ奮起させたのです。

そして気持ちを奮い立たせた彼は、1901年からドイツ物理学年報誌に論文を投稿し始めるのです。そして、見事学会誌に採択されます。この事実がアインシュタインをさらに勇気づけ、アインシュタインの論文はその年以来とぎれることなく、約50年にわたって提出され続けることになるのです。

3大論文の内容については、後の章で詳しく述べますが、その考え方の原点は非常にシンプルな疑問から始まっています。これは幼い頃から、アインシュタインの中に根付いていた思考法です。

ほんの5歳の頃からその片鱗は示されていました。アインシュタインは父親からコンパス（方位磁石）を買って貰いました。アルバート少年は針が何故いつも北の方向を向いているのか不思議に思いながら、コンパスをひたすら眺め続けていたそうです。これはアインシュタイン自身が自伝の中でも述べていますが、この体験が当時先端の学問であったマクスウエルの電磁気学への興味につながり、「相対性理論」を創り上げる基礎になったのです。

アインシュタインはドイツのウルムで生まれ、スイスのチューリッヒ工科大学で学び、スイスのベルンにある特許局に就職しました。

あなたは子供の頃「空はなぜ青いのか」という疑問を親に投げかけたことがあるかもしれません。ある程度科学を知っている親御さんなら、「地球には太陽から赤、橙、黄色、緑、青、青紫、紫の7色の光が届いているけれど、地球の上層には空気の分子があり、そこを太陽の光が通るとき空気の分子に青い光だけがぶつかって散乱するんで空が青く見えるんだ」といったような説明をするはずです。そして、ほとんどの子供がそれで納得してしまいます。

ところがアインシュタインのような人は、それだけでは収まりません。「なぜ、青い光だけがぶつかるんだろう？」「青い光が反射されるのは空気の分子がどんな風になっているからだろう？」などと、もっと疑問が湧いてくるのです。

実はこれは案外単純に説明できる現象ではないのです。青い光の波長と空気分子（窒素、酸素）の大きさを較べると、分子の大きさは、光の波長の約1／200で、光の波長よりずっと小さくなります。ですから、光が分子にぶつかって反射されているという説明は正しいものではありません。実はもっと複雑な現象が起こっているのです。物理学者のレイリー（1842〜1919）はこの問題を研究し空気の分子に光が当たると波長の4乗に反比例する散乱が起こると計算しています。この理論を説明するのはちょっと難しいのですが、赤い色と青い色の波長の比は1：2になっていますので、これを4乗した値で割ると1：16の比率になります。つまり、赤い光は空気分子に衝突してもあまり散乱されませんが、青い光は16倍も多く散乱されるので、空全体を見渡したとき、空が青く見えているのです。

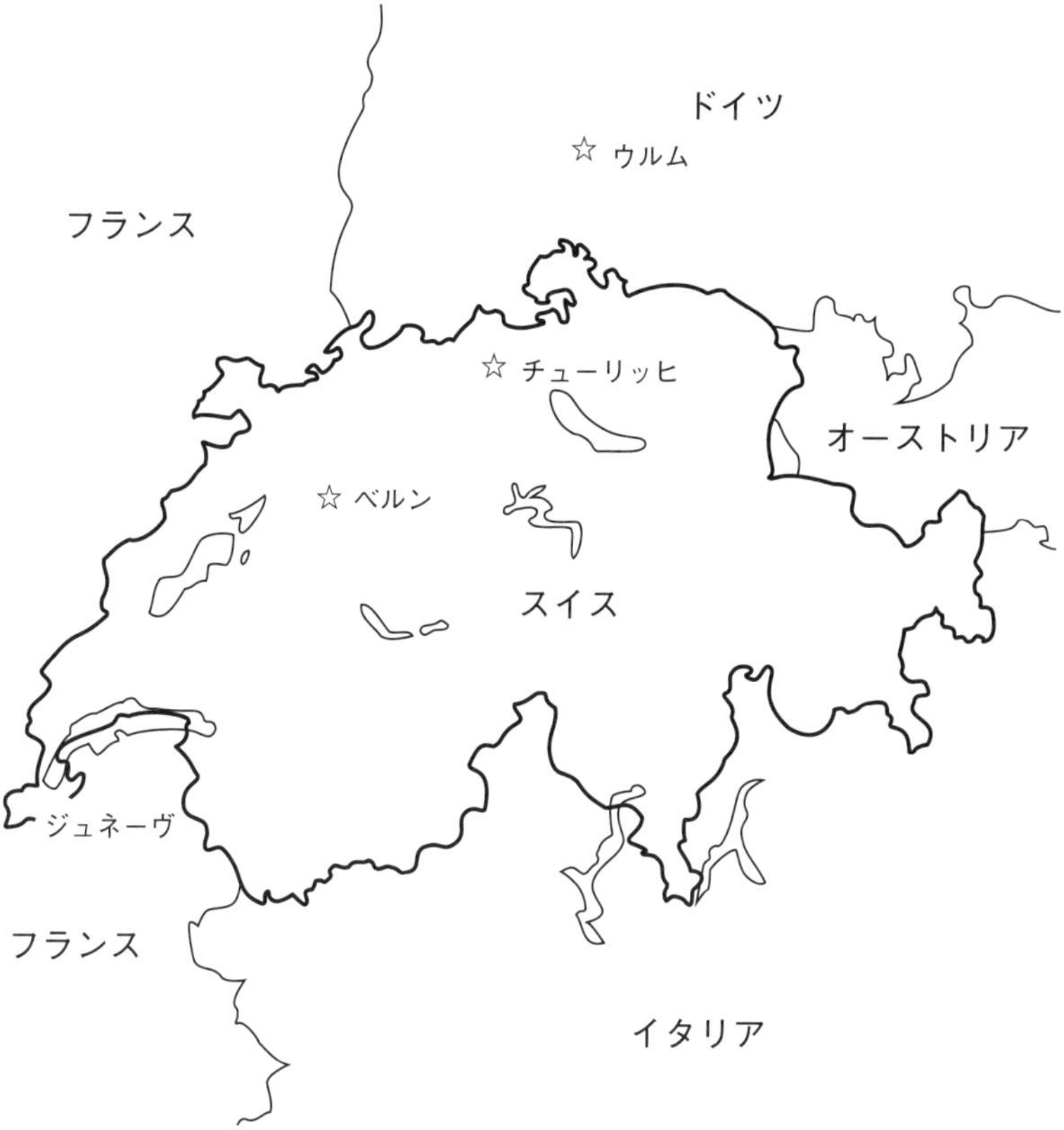

【アインシュタインの経歴を地図でたどる】
1879 年：ドイツのウルムで生まれる
1896 年：スイスのチューリッヒ工科大学入学
1902 年～ 1909 年：ベルンのスイス特許局に勤務
1905 年：有名な３大論文を発表

一夜にして大科学者に

1919年11月7日、朝刊を見た世界中の人は驚きました。それは滅多に一面に載ることのない科学記事がロンドンタイムスに掲載されていたからです。同じ記事はすぐにニューヨークタイムスにも載せられました。その内容は、「科学界の革命、ニュートンの考え覆る!」というものでした。この翌日からアルバート・アインシュタインは、世界で最も有名な物理学者になったのでした。

この発表は、天文学者のエディントンによって相対性理論が実証されたというものでした。この年の5月29日、アフリカのプリンシペ島で観測された日食で、太陽のそばを通る光が太陽の重力により曲げられ観測されたと発表されました。それはまさにアインシュタインの相対性理論の計算通りの結果になっていたのです。

アインシュタインが世界的に有名になったのは、実は3大論文を発表したときではなく、この1919年になってからなのです。つまりアインシュタインは、それまで全く無名に近い若者として扱われていたわけです。これを示す面白いエピソードをいくつか御紹介しましょう。

その1　アインシュタインが大学の教授の職を得て特許局の上司に辞表を提出したときの逸話です。1909年にアインシュタインは念願の大学に職を得ることができます。そして辞表を上司のところに提出した際、上司がアインシュタインに「きみは、特許局をやめて他に仕事などあるのかね」とたずねます。アインシュタインは「大学の教授の職が得られたのでそこで働きます」と答えました。すると上司は突然「きみのようなものが大学教授になるなんて、そんなバカな……」と真っ赤になって怒鳴り散らしたと言われています。

　このときは3大理論を提出してから4年も経っていたわけですから、アインシュタインの論文が一般的にはほとんど評価されていなかったことが分かります。

　その２　日本の物理学者、桑木《くわき》彧雄《あやを》（１８７８～１９４５）は１９０９年3月にアインシュタインを訪ねています。そのときのことを桑木は「普段、彼を訪ねる人はほとんどいなかったようで、アインシュタイン博士は大変よろこんで私を迎えて下さった」と書いています。桑木がマックス・プランクの研究室に留学していたので、アインシュタインのことを耳にする機会があったと思われるのですが、同じ特許局に勤務する人々がアインシュタインの業績を知らなかったことを考えると、彼が無名の人物として扱われていたことは確かなようです。

　その３　１９０９年にアインシュタインは、大学の教授の職が得られることになりました。ところが、その職位は正教授ではなく、助教授でした。また、彼に与えられた給与は、スイス特許局に勤務していたときと全く同額の年俸４５００フランだったと言われています。

　つまり、発表当時、３大論文は全く評価されていなかったわけです。

この後、アインシュタインは、マリー・キュリーやマックス・プランクなどの著名な物理学者の支援を得て少しずつ学会内で知られるようになっていきました。しかし、彼の名が世界に知られるようになったのは日食観測の結果により相対性理論が証明されて以来です。

天文学者エディントンは、アインシュタインとの間に不思議な機縁をもっていました。実は、世紀の日食観測にエディントンは参加できないはずだったのです。

1914年8月1日に第一次世界大戦が始まります。エディントンは当時イギリスのケンブリッジ天文台の助手長を務めていました。そのとき、オーストリア皇帝の後継者フランツ・フェルディナント大公が暗殺されるサラエボ事件が起こり、それが第一次世界大戦の始まりになりました。

ところが、エディントンは敬虔なクエーカー教徒でしたので、兵役を拒否し投獄されそうになります。このとき同僚たちの請願によって投獄は免れますが、天文学者としての将来は絶たれてしまいます。

しかし、アインシュタインが提出した「一般相対性理論」をエディントンが読んだことがアインシュタインの運命を変えることになります。アインシュタインは1915年に「水星の近日点の移動に対する一般相対性原理による説明」という論文を提出しました。エディントンはこれを軟禁生活の中で目にします。そしてその内容に大変感銘を受けたのです。なぜなら当時、水星が最も太陽に近づく位置を決める近日点はまだ正確に求められていなかったからです。

ニュートン力学によって計算しても、どうしても100年間で43秒角の〝ずれ〟が生じてしまうのです。しかしアインシュタインは、この43秒角の〝ずれ〟は一般相対性理論によって完全に計算できると述べています。アインシュタインは、これで「相対性理論」が実証されると小躍りして喜んだと言われています。ただ、1秒角は1度の3600分の1という非常に小さい値でしたから、一般の人はこのような証明では、相対性理論を理解することはなかったと思います。

エディントンは天文学者でしたので、「水星の近日点」についての重要性にすぐに気がつきました。このときからエディントンは少しずつ相対性理論を学び始めたのだと思われます。

1916年にアインシュタインは「一般相対性原理の基礎」という論文を発表します。そしてこの論文の中で、太陽の近くを通る光線は1・7秒の屈折を受けると記しています。この部分にエディントンは注目します。もし日食観測をすれば暗くなった太陽の裏側に輝く星の光が1・7秒の屈折を受けることが観測されるはずだと直感します。

そして次回の日食は、1919年5月29日にブラジルとアフリカで観測できることを知ります。

エディントンはなんとか早く第一次世界大戦が終わらないかとやきもきしながら時を待ちました。彼の真摯な想いを同僚の天文学者たちも後押しします。1917年3月にイギリス王立天文台長のフランク・ダイソンは1919年5月の日食について「このすばらしい機会を逃さないように」とエディントンを支持したのです。

また同僚の学者たちは、エディントンを軟禁生活から解放するようにイギリス政府に嘆願書を提出しました。無事エディントンはこの嘆願書のおかげで釈放され、すぐに日食観測の準備にとりかかることになります。もし、第一次大戦が終わるまでエディントンが活動できなければ……、終戦は1919年6月28日のヴェルサイユ条約によってでしたから、日食の観測には全く間に合わなかったのは確かです。

このような同僚たちの協力のもとで、日食観測はアフリカのプリンシペ島で行われました。この日食観測はイギリス王立天文台が計画し、天候を憂慮してアフリカ隊とブラジル隊が同時に派遣されました。この日ブラジルは快晴であったのにプリンシペ島では曇り空でした。ところが、エディントンたちが観測を始めると日食間際に雲が途切れて、見事な日食が観測されたのです。

この第一次大戦中の敵国同士の科学者たちの協力の物語は、科学には国境がないことを示したものと高く評価されることになります。

日食観測を発表したエディントンに記者からこんな質問がありました。

「相対性理論は世界で3人の学者しか理解できないと言われていますがそれは誰ですか」

それに対してエディントンは、

「…………」

としばらく返事をしませんでした。そこで記者が、

「先生、どうなさったのですか」

と尋ねると、エディントンは、

「1人はアインシュタインで、2人目は私だが、3人目がどうも……」

と記者に話したそうです。

どれほど、「相対性理論」が難解な理論であったかを示すエピソードです。

老いても世界を驚かす

1951年3月15日の朝、ニューヨークタイムスを見た多くのアメリカ人が驚きました。新聞の一面にはあの有名な学者の顔写真が大きく掲載されていたのです。写真の中のアインシュタインは大きく舌を出していました。アメリカ中がこの話題で持ちきりになり、このニュースは世界中に伝わりました。

アメリカ中が大騒ぎになっている一方で、ひっそりと静まりかえっているところがありました。それはこの新聞を出した編集局です。デスクはたんたんとその日の仕事を進めていました。その中には問題の写真を撮ったカメラマンのアーサー・サス（当時UP通信）もいたのです。

サスは昨夜のことを思い出していました。アインシュタインがある会議に出席するという情報を得たのでそのビルの近くで待機していました。夜遅くビルから1人の人物が出てくるのを見たサスは、すぐにカメラを構えて、「アインシュタイン博士1枚撮らせて下さい」と叫んだのです。

アインシュタインは振り返ります。サスはその時、いつものくせで「少し笑って下さい」と声をかけました。その人物は少し笑ってくれたようでしたが、サスはシャッターをきるのに夢中です。数枚撮り終えて「有難うございました」と礼を言うと、アインシュタインは後から出てきた数人の人々と一緒に街の中に消えて行きました。サスは急いで社に帰って写真の現像を始めました。

現像が出来上がってみるとサスは飛び上がらんばかりに驚きました。写真の中のアインシュタインは何と舌を出して写っているのです。サスは翌朝の編集会議でこの写真を編集部の皆に見せました。

皆「これは凄いスクープだ」と言ってくれました。しかし、これを朝刊に載せるかどうかということになると、賛否両論の議論となりました。「高名な物理学者のこのような顔を新聞に掲載することは、後で問題にならないか?」、「アインシュタイン本人が承諾してくれるだろうか?」という意見が噴出したのです。しかし結局デスクが責任を持つということで朝刊の一面に掲載されることになったのです。

サスはアインシュタインサイドから何等かのクレームがくるのではないかとびくびくしていました。お昼近くになったとき、女性社員からサスさんお電話が入っていますよ、と告げられました。サスは恐る恐る受話器を取り上げました。すると電話の相手は、なんとアインシュタイン本人だったのです。サスはすぐに、

「博士の承諾を頂かずに新聞に掲載することになり、大変申し訳ございませんでした」

と電話口で平身低頭に詫びました。すると、アインシュタインは、

「いやいや、実は研究者仲間であの写真が非常に良く写っていると評判でね。で、申し訳ないが10枚ほど送って貰えんでしょうか？」

サスは恐縮して、「すぐ焼き増ししてお届けします」と答えてほっと胸をなで下ろしたそうです。

実は、この新聞が出された前日の3月14日は、アインシュタインの誕生日だったのです。彼の72歳を祝うためプリンストン研究所の親しい学者たちが集まっていたわけです。

なぜカメラマンがこれほど恐縮していたかというと、元々アインシュタインは新聞記者に非常に厳しい対応をすることで有名だったためです。

しかしその真意は、新聞記者たちが書く科学記事は内容が乏しく、さらに子供たちが本当に疑問に感じることに答えていない、そのことにいつも不満を感じていたためです。そして、アインシュタインを芸能人扱いにしていたこともあまりお気に召していなかったようです。

そのアインシュタインがなぜあの日、カメラマンの求めに応じてあんなポーズをとったのでしょうか？　その日の誕生祝いでほろ酔い気分だったのでしょうか？　アインシュタインは酒類は口にしなかったと言われていますから、それは考えられません。

この日はアインシュタインが日頃接していた新聞記者とは少し違った空気をそのカメラマンから感じたのではではないでしょうか。良い、面白い写真を撮りたい、そんな純真さをカメラマンから感じたのでしょう。

アインシュタインは、特に弱者に対しては優しく対応する人間でした。

1922年、改造社の山本社長から招待を受けたアインシュタインは数日間を山本社長の自宅で過ごしています。その際に山本社長があまりにも女中たちを怒鳴りつけるので、見かねたアインシュタインが「使用人にはもっと優しく接してあげなさい」と諭したという話が残されています。

ですから、この夜カメラマンがアーサー・サスたった一人だけだったこと、そして長い間路上でアインシュタインを撮影しようと待ち構えていたであろうこの人物の心境を思いやっての行為だったのでしょう。

それは、アインシュタインがこのようなおどけた感じの写真をその後一切撮らせることが無かったことからも推測できます。後日、講演会の後、新聞記者からこんな質問が出されました。

「アインシュタイン博士、今度はいつあのようなお写真を撮らせてもらえますか？」

これに対してアインシュタインは、

「上質なユーモアは一度だけで良いでしょう」

と答えたと伝えられています。

アインシュタイン自身は、もし他の職業を選んでいたとしたら音楽家か高校の物理学教師だっただろうと語っています。ここで面白いのは、正規の教師になれなかった彼が高校教師を自分のなりたかった職業として選んでいるところです。

アインシュタインは、物理学を若者たちに分かり易く教えたかったようです。アインシュタインの頭の中は、実は単純化されていたものの考え方で溢れていたのです。しかし、これを解き明かす段階でどんどん数式化され複雑になり、結局これを他人に分かり易い形で示すことはできませんでした。

相対性理論が発表された後、世界的に流行したことがあります。それは「相対性理論」を誰にでも分かり易く説明した者には高額の賞金を与えるというものです。

筆者は、アインシュタインの頭の中で考えていたようなものはとても説明出来ません。しかし、3大理論を証明した実験を中学で習う学習範囲で説明すれば、一見難しそうな問題でもそのスタートは単純である、ということを理解して頂けるのではと思ったのです。

では、この後の章からはアインシュタインの遺志を継いで、彼の理論をいかにやさしく説明するか、という難題に挑んでいきたいと思います。

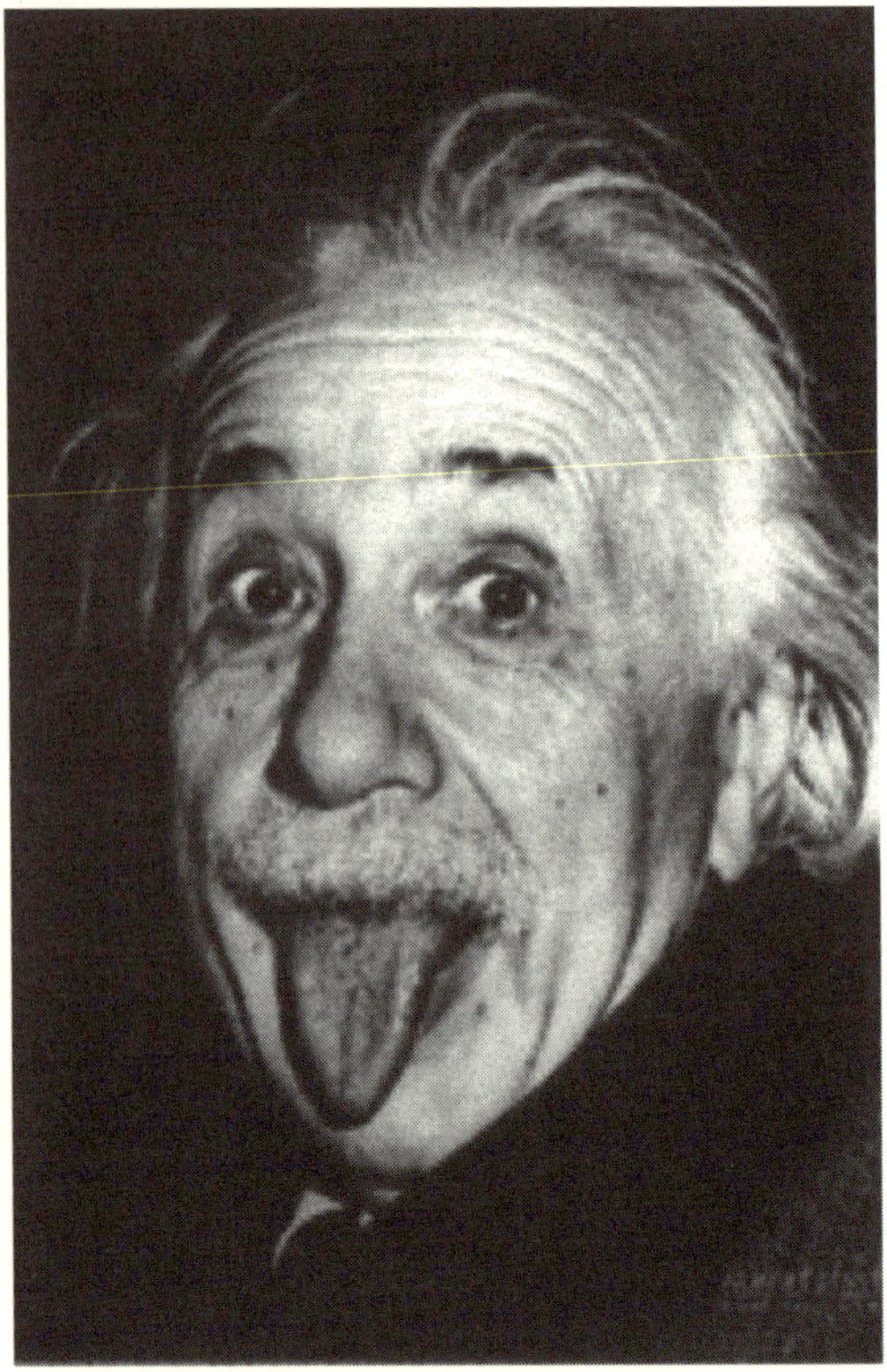

舌を出したアインシュタイン
1951年3月14日、アインシュタイン72歳の誕生日に撮影されたもの

第2章　中学の数学でアインシュタインを学ぶ

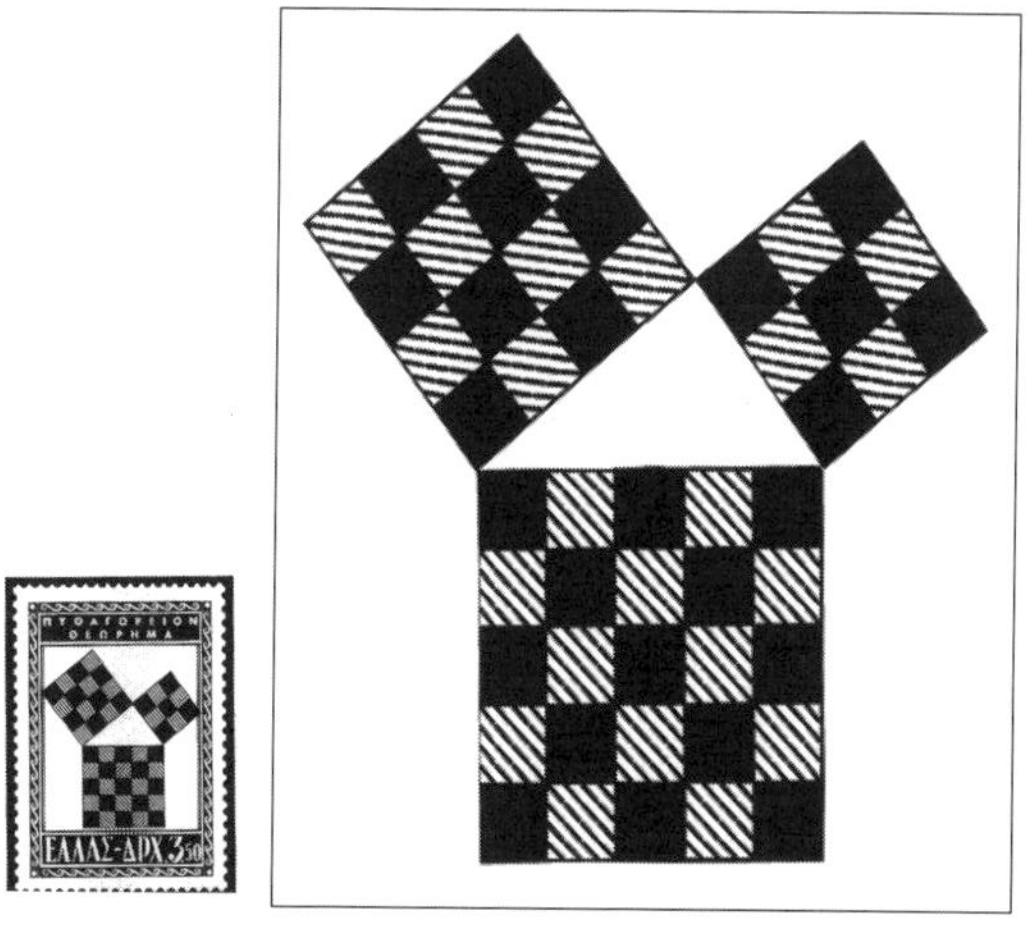

ギリシャの切手に描かれているピタゴラスの定理

数学の奥深さを知る

アインシュタインの理論の特徴は、まず易しい問題から考え始め、それが少しずつ難しい理論へと発展していくというものです。しかし、その易しい考え方を説明するだけでは、アインシュタインの難しい理論を分かり易く説明することはできません。それは彼の論文はほとんど難解な数式だけで書かれているからです。

そこでこの本では、アインシュタインの理論を証明した実験結果を中学の数学、理科で説明するということを試みました。

実験というのは実はかなり難しい点もあるのですが、目に見える形で示すことができるのです。「百聞は一見にしかず」という言葉どおり、人の意見を百回聞くよりも、1回だけ実物を見た方がより理解できるというものです。それなら、すべて実験から始めれば良いはずですがそれが出来ないことが多いのです。これは、次の章で述べることですが、ギリシャの哲学者たちは「全ての物質はアトムから作られている」と考えました。アトム（原子）は非常に小さい粒子ですから、2000年もの間、目に見える形で実験的に示すことはできませんでした。ですから、ギリシャの哲学者たちが考えたアトムは「想像上の物質」でした。しかし、19世紀の初めになると、物質の性質がだんだん分かるようになってきました。この段階でアヴォガドロという化学者は、物質は全て原子という小さな粒子からできているという考えを提起しました。この考え方は、論理的な根拠があるので「仮説」と呼ばれています。

アインシュタインが提出した3つの論文のうち、「光電効果理論」は実験結果を数式として理論的に示されたものですが、他の2つ「ブラウン運動理論」と「相対性理論」は簡単に実験できるような問題でなかったため、「仮説」として提唱されたものでした。

これらのアインシュタインの理論を説明するため、数学を理解しておく必要があります。「光電効果」は1次方程式と関係しており、「ブラウン運動」は分数の考え方が反映されており、「相対性理論」はピタゴラスの定理から説明できるため、これらに関係する中学で習う数学的知識を改めて紹介しておくことにしました。

そして、数学の答えは1つではないこと、また、学者たちも実は難解な理論よりも、分かり易く説明できる方法が最も優れていると考えていることも述べてみたいと思います。

アインシュタインが最初に数学的なものに興味をもったのは幾何学だったと言われています。そのきっかけは、父親が経営する会社の電気技師として働いていた叔父のヤコブ・アインシュタインの影響だったようです。彼が幾何学を学んだのは12歳頃ですから、日本では中学入学くらいに当たります。つまり中学程度の数学でも基礎的なものは非常に重要なものだったということです。

アインシュタインの残している言葉に、「幾何学によらずに物理法則を述べるのは、言葉なしで考え方を述べるのに似ている」というものがあります。これは数学を易しく理解する方法の一つとして、図形化するのが最も良いと考えている数学者が多いことからも理解できます。よく数学というと公式を覚えることと考えている人がいます。この方法も間違いではありませんが、ただ、闇雲に公式を覚えてもすぐ忘れてしまいます。しかし、その意味が分かるようになると、頭にしっかり残るのです。アインシュタインは、どのような問題でも自分なりの方法で理解すれば、その問題が解けなくても、その意味については確実に自分の頭の中に残ることを伝えたいと考えていたようです。

筆者も以前、数学を覚えるにはまず公式が重要だと考えていました。ところが岡潔先生（1901～1978、数学者、京都大学教授時代の教え子としてノーベル賞を受賞した湯川秀樹、朝永振一郎がいる）の随筆を読んだとき、はっと気づかされるものがありました。そこには、数学は解析的に理解するだけでなく、感性で理解することも重要だと書かれていたのです。数学にも物理にも新しい創造が必要です。単に問題を解く能力だけでなく、時代を作るような学者は優れた感性も必要なのです。

また筆者は当初、等号、＝は左辺と右辺が等しいことを示す記号だと考えていました。しかし、この等号の部分を天秤だと考えてイメージすると、非常に数学の奥深さを理解できることをこの本から知りました。

皆さんの中には小川洋子さんの著書『博士の愛した数式』を読まれた方がおられるでしょう

か。映画にもなっているので内容をご存じの方も多いでしょう。この物語の中には、家政婦である主人公、その子供、老博士、博士の義姉の４人が登場します。ある日、主人公、主人公の子供と、義姉の間で老博士の世話の仕方について対立し、言い争い寸前となります。そのとき、突然博士が現れて次のような数式を書いたメモ用紙を食卓の上に置くのです。すると、この瞬間、皆この数式の意味を理解したように、押し黙ったまま、いつもの仕事を始めるのです。

その式は

$$e^{\pi i}+1=0$$

というものでした。

左側の皿に$e^{\pi i}$＋１、右側の皿は０であるが天秤は釣り合っている

この式の＝を等号として考えていたときは、何の不思議さも感じません。しかし、これを天秤で考えると非常に不思議なことが起こっていることが理解できるのです。

この式を天秤で表してみましょう。天秤の左側の皿には1グラムの重りと$e^{\pi i}$の重りが載せられています。ところが右側には何も載せられていないのに天秤はちゃんと釣り合っているのです。

天秤として考えると分かり易いのは、左の重さと右の重さが同じ場合は、＝バランスがとれている場合、

左の重さが右より大きい場合は天秤が左側に傾く
左の重さが右より小さい場合は天秤が右側に傾く

と考えれば良いからです。

老博士が示した式は、オイラーの等式と呼ばれるものですが、映画の中では、家政婦の息子が成長して数学の教師となり、この数式の不思議さを生徒たちに語っている場面があります。

彼は左辺のｅを、自然対数の底で次のような数値ｅ＝２・７１８２８１８………と無限に続く無理数であることを説明します。

このｅの定義は、『博士の愛した数式』での説明が分かり易いので、文章をそのまま引用してみます。

「肝心のｅだがオイラーの算出したところによれば、ｅ＝２・７１８２８１８２８４５９０４５２３５３６０２８……と、どこまでもはてしなく続いてゆく。計算式は、この話の複雑さから比べれば、非常に明解だ。

$$e=1+\frac{1}{1}+\frac{1}{1\times2}+\frac{1}{1\times2\times3}+\frac{1}{1\times2\times3\times4}+\frac{1}{1\times2\times3\times4\times5}\cdots\cdots$$

ただ、明解なだけに余計、ｅの謎が深まってゆくように思える」と小川洋子さんは本の中に書いています。

πは円周率で、π＝３・１４１５９２６５３５……と無限に続く無理数。ｉは$\sqrt{-1}$を表す虚数と呼ばれる数である。と映画の中の教師は解説しています。そして、この無理数だけの式から $e^{\pi i}=-1$ となり、整数の答えが導き出されるという不思議さについてもこの映画の中の教師は語っています。

ここでπについて少し考えてみましょう。以前小学校でπを３・１４と覚えさせるのは難しいという意見があり、πを３として覚えさせた時期がありました。ゆとり教育が必ずしも問題だとは思いませんが、教え方が間違っていたように思うのです。もし３・１４が難しいなら３１４を１００で割る、$\frac{314}{100}$ と覚えさせても良かったはずです。πについては日本では語呂合わせが使われていますが、英語圏ではπを覚えるのに「Yes, I have a number」という方法を用います。各単語の文字数を並べていくと３・１４１６となるわけです。

また、喜劇俳優、伊東四朗さんは、１０００桁までのπの値を暗唱できるそうです。例えば次ページに示したような覚え方で50桁まで覚える方法もあります。

πを精度よく計算する方法として、１１３３５５と数字を書き、それを真ん中で分け、ここに割り算記号を書くものがあります。

３５５÷１１３を計算するのです。その結果は３・１４１５９２６２となり、アンダーラインを引いた少数点以下７桁までの精度の値が得られます。

このような計算方法でπを求めるやり方については江戸時代の和算学者も行っていたようです。

πの覚え方の一例（50桁）

3.1415926535 産医師異国に向こう産後	8979323846 役なく産婦御社（みやしろ）
2643383279 に虫さんざん闇に泣く	5028841971 ご礼には早よいくなひと
6939937510 むくさんくくみなごいれ	

数学者関孝和は、円に接する8角形から72角形までの図を描きその外周の長さが次第に円周に近づいてくることを応用してπの数値を計算をしたと言われています。

なぜ、このようにπの正確さにこだわる必要があるのでしょうか？　話は、紀元前のエジプト文明にまでさかのぼります。この文明の象徴であるピラッミド建設ではπの概念が非常に重要だったのです。古代エジプトでは長さの測定に車輪の円周を使っていたのです。長さの測定に、「ひも」や「縄」を使ったのでは誤差が大きく、また長い距離を測れないことを当時のエジプト人が理解していたようです。そのため考え出された〝ものさし〟が車輪の円周の長さを利用する方法でした。

その際に温度による膨張が少ない木製の車輪が使われました。しかし、距離を測るには正確な車輪の円周の長さを知る必要がありました。そこでπの正確な値を求めることが必要になったわけです。

もし、直径1メートルの車輪を1回転させると、3・14メートルが測定されます。そこでπを3・14と置いたのです。ピラミッドなどの建造物は全てこの方法で測定されていました。

　この車輪を使う長さ測定の方法は、現代では自動車の走行距離を表示するメーターに使われています。ちなみに1964年に開催された東京オリンピックでは、マラソンの42・195㎞の距離はこの車輪回転計で測ったと言われています。

　エジプトのギザ砂漠にはクフ王、カフラー王、メンカウラー王の3大ピラミッドがありますが、この中で最も大きいクフ王のピラミッドは、高さ146・5メートル、基礎土台の1辺の長さが230メートルです。もし、この基礎土台をπを3として測定すると上図のように10メートルも短いピラミッドになってしまうわけです。

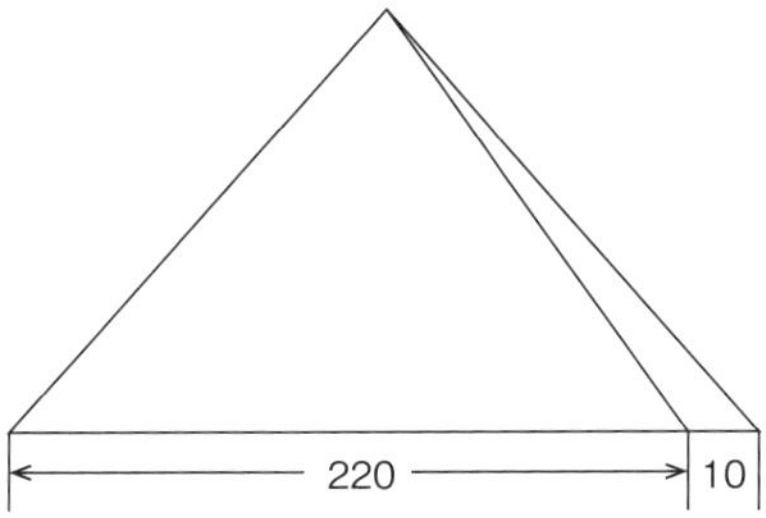

クフ王のピラミッドの基礎部をπを3として測定すると図のように10メートル短くなる

　エジプトで、土木工学、天文学、数学、農業が発展していったきっかけは、天文学での発見でした。エジプト人たちは毎年起こるナイル河の氾濫に常に悩まされていました。特に農業では、農作物の収穫の時期に氾濫が起こると死活問題です。当時のエジプト人は星が1年の間にほとんど同じ軌道を通ることを理解していました。そして星を観測する中で、シリウスが太陽が昇る直前に見える時期が6月であることを知りました。そしてこの時から4か月間が氾濫期であることも分かってきました。

これは農業上非常に重要な情報となったのです。つまり10月以降に麦などの種を撒き、5月までに収穫を終われせれば良いわけです。そして、洪水の期間は、肥沃な土壌をナイル河畔の土地に運んでくれる有益な期間でもあったのです。

この発見がエジプトでの天文学を発展させることになります。太陽、月、星の運行を正確に測定することにより、1年が365日であることも分かり、このことから円の角度を360度にすることが決められています。

サイン、コサイン、タンジェントと聞くとそれだけで頭が痛くなる人がいるかもしれません。しかし、これら三角関数の考え方は、エジプトにおいて非常に重要な意味を持ちました。土地の測量、神殿の建設、ピラミッド建設のための測量技術の手段として、直角三角形の底辺、高さ、斜辺、角度の関係を計算することが必要になったのです。これを上図に示しました。

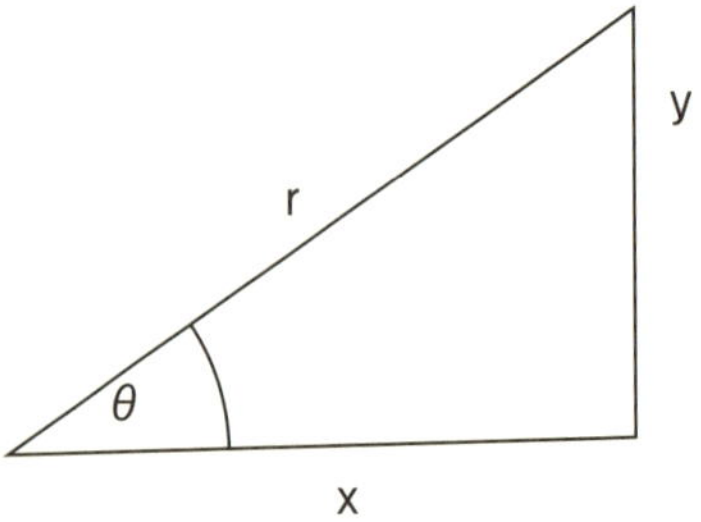

直角三角形の各辺と角度の関係

角度：θ　底辺：x　高さ：y　斜辺：rとした場合

高さ／斜辺＝y／r　この角度θとの関係をサインsinθ

底辺／斜辺＝x／r　この角度θとの関係をコサインcosθ

高さ／底辺＝y／x　この角度θとの関係をタンジェントtanθと表しています。

直角三角形の辺と角度の関係を示したもの

角度	斜辺	底辺	高さ	サイン	コサイン	タンジェント
（θ）	（r）	（x）	（y）	(sin)	(cos)	(tan)
30度	2	1.73	1	0.50	0.87	0.58
45度	2	1.41	1.41	0.71	0.71	1
60度	2	1	1.73	0.87	0.50	1.73

これをもとに直角三角形の角度と斜辺、高さ、底辺の関係として上図のように表にすることができます。例えば斜辺を2として、高さ、底辺、角度の関係を示すと、上の表のようになります。この直角三角形の底辺、高さ、斜辺と角度の関係を示したものが三角関数です。

エジプト人たちは三角関数の関係までは理解していなかったかもしれませんが、直角三角形の各辺の比と角度の関係が非常に重要なものであることは理解していました。

この表のようなものを角度1度～90度までの関係を調べて表として作っておけば、測量などで利用することが出来るのです。

このように数学は、５０００年以上前から使われ始め進歩してきたのです。現在皆さんが数式でしか知らない数学も、実生活の必要によって生まれてきたわけです。

よく、サイン、コサイン、タンジェントなどの数学は、勉強しても社会に出てから一度も使ったことがないなどの意見を聞くことがあります。しかし、これは数学を教える先生の認識不足なのです。江戸時代では、川に橋をかける際三角測量法が必ず用いられていたことを生徒によく教えるべきなのです。

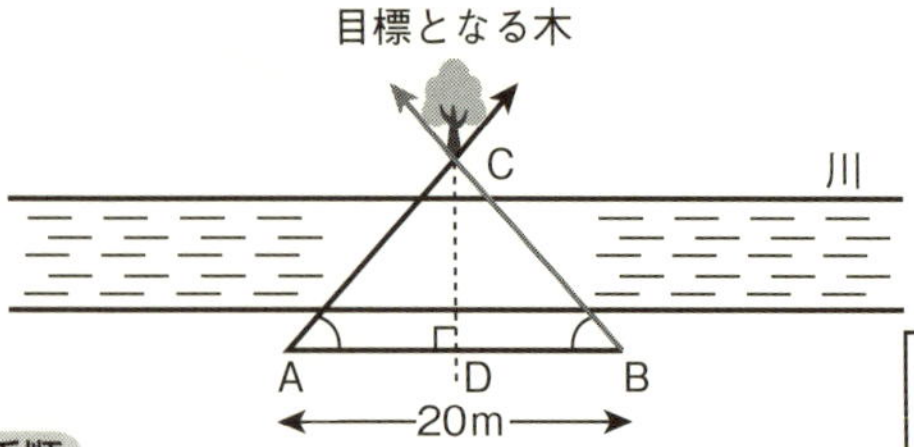

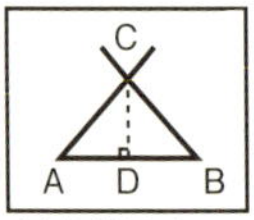

測定結果を
紙に図として描く

三角測量の手順

1．現場の測量

① 川と平行に基準線20mのA－Bを決め測量する
② Aから木の方向Cの角度を測る
③ Bから木の方向Cの角度を測る

2．紙の上で川幅を計算する

① 紙に長さ20cmのA－Bの基準線を紙に書く
② Aからの角度、Bからの角度の線を紙に書き入れる
③ AとBからの角度線が交わった点が正確なC点となる
④ 紙の上のC点からA－Bの線と直角に交わる線を書きこれをDとする
⑤ CからDまでの長さを物指で測り、これを100倍すると川幅になる

三角測量法図

例えば三角測量法で川幅約10メートルの橋を作る際には上図のような方法が用いられました。

もし、このときのA、Bから測った角度が45度であると、川の幅D－Cは10メートルになるはずです。

このように江戸時代の土木工事の職人たちは、サイン、コサイン、タンジェントを意識しないで三角測量の中で使っていました。しかし和算の数学者、建部賢弘（1664〜1739）は三角関数のことを良く知っており角度と三角関数の表を作っています。ただ、その考え方は左図に示すように、今日考えられている三角関数とは少し違って円に内接する上下の三角形を合わせた形になっています。そして、その三角形のA－Bの長さを弓の弦になぞら

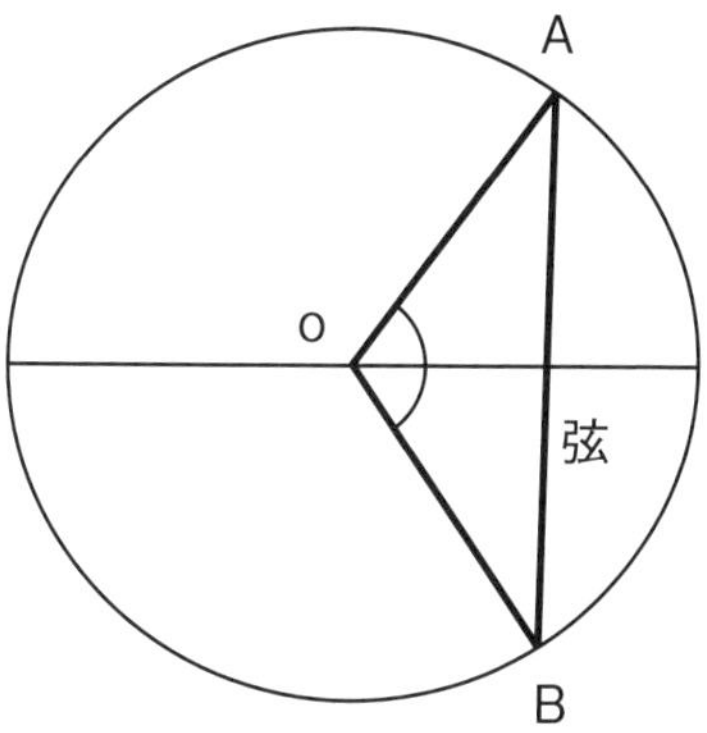

和算で使われている三角関数、弦の考え方が三角関数の日本語名、正弦（サイン）、余弦（コサイン）に残されている

えて、「弦」と名付けていました。このことが三角関数の日本語名、サイン：正弦、コサイン：余弦、タンジェント：正接に残されています。江戸時代にはすでに三角関数の概念は、和算の学者の間で理解されていたわけです。

数学が次第に理論的に解き明かされていくと、私たちが見ることのできない数が数学の中に入ってくるようになります。例えば、無理数、虚数などです。オイラーの式の中で使われていたｅ、ｉなどは、私たちが日常的に使っているものではなく、またこれらの数は実際の自然界では見ることが出来ない数なので、「心の数」と称している学者もいます。

私たちが実用的に使う「見える数字」以外の「心の数」は私たちの日常にあまり関係ないと思われがちです。数学が苦手な方の中には、「こんなものを勉強しても実生活に役に立つわけじゃない」などと言われる人もいますが、私たちの生活を便利にしてくれる身の回りにある工業製品は、「心の数」のおかげで成り立っているのです。

ユークリッド幾何学に感動した少年

アインシュタインに関する本は400冊以上刊行されています。しかし、彼の少年時代について書かれたものはあまり多くありません。その中で12歳のときに、ユークリッド幾何学の本を読んで大変感動したエピソードは有名です。

幾何学に感動したきっかけは、平行線の公理だけを知っていれば、平行線の中に三角形を描くと、三角形の内角の和が180度であることが計算でき、三角形の内角の和の定理を全く知らなくても図形から簡単に導きだせることに気付いたからです。そしてこの公理を応用すると、相似形の関係が証明され、ここからピタゴラスの定理が解けることを発見したのです。この詳細は、この章の後半のピタゴラスの問題を考える中で述べることにします。

ピタゴラスの定理の解は100通り以上あると言われていますが、数学の解き方は1通りだけでなく幾通りもある場合が多いのです。その一例として数列の和を求める方法を示してみます。例えば1~100までの足し算をする場合、凡人の計算方法、秀才の計算方法、天才の計算方法があります。

A：凡人の場合　1＋2……＋99＋100＝5050 と全ての数を順番に足していきます。

だいぶ時間がかかってしまいますね。

Ｂ：秀才の場合　湯川秀樹が小学校３年生の頃のエピソードです。ある日、担任の先生が急に用事が出来、教室を出る必要があったので、生徒たちに1から１００まで足し算するように自習の課題を与えたのです。そして先生が教室を出ようとすると、湯川少年が手を挙げ「先生出来ました」と答えたそうです。先生は驚いて、「答を知っていたのじゃないのか」と聞いたところ、１００、１＋99、２＋98、３＋97と次ページのＢのような計算方法を用いれば、１００が50個と真ん中の50が余るので１００×50＋50＝５０５０になると答えたのです。

Ｃ：天才の場合　これは１７７７年に生まれたドイツの数学者フリードリッヒ・ガウスの例です。これはガウスが８歳のときのエピソードです。このときも先生は1から１００まで足し算をするように生徒に指示しました。すると、ガウス少年はすぐ手を挙げたので、先生はどの様にして答えを出したのか聞いたところ次ページのＣのように計算したと答えたのです。

１＋１００、２＋99、３＋98……とすると1～１００まで足したものと１００～1まで足したものになり丁度2倍の足し算をしたことになるので（１００＋１）×１００を２で割ると全部で５０５０になると答えたそうです。

この計算方法のどこが天才的だというのでしょうか。それは、高校で習う数式に等差数列

1～100だと説明し難いので、1～10までの例を次に示します。

A：凡人の解答

1＋2＋3＋4＋5＋6＋7＋8＋9＋10＝55

B：秀才の解答（湯川秀樹の場合）

	1	2	3	4	5	
10	9	8	7	6		
10	10	10	10	10	5	＝10×5＋5＝55

C：天才の解答（ガウスの場合）

1	2	3	4	5	6	7	8	9	10
10	9	8	7	6	5	4	3	2	1
11	11	11	11	11	11	11	11	11	11

＝(10＋1)×10/2＝55

1＋2＋3＋……＋99＋100をガウスの方法で計算すると簡単に5050が計算できます。8歳のガウス少年の考えは等差数列の公式S＝(n＋1)n/2と全く同じことを導いていたのです。

の和の公式というものがありますが、それと同じ形が示されているからです。それは1＋2＋3＋……＋n＝(n＋1)$\frac{n}{2}$というものです。

これはCの例で示したガウスが求めた式を公式にしたものと同じなのです。つまり、ガウスは、数学の公式を8歳にして見つけてしまったのです。まさに天才のなせるわざだったのです。この公式を使えば1から100万までの合計も1億までの合計も簡単に計算することができます。

ガウスは78歳でその生涯を閉じましたが、19世紀最大の数学者と言われています。

アインシュタインが最初に興味を

ユークリッドの５つの公準

第１公準	与えられた２点A、Bに対してABを結ぶ直線を、唯一ひくことができる	A———B
第２公準	与えられた線分はどちら側にも限りなくのばすことができる	
第３公準	平面上に２点A、Bが与えられたときA点を中心としてB点をとおる円を唯一描くことができる	A B
第４公準	直角はすべて等しい	
第５公準	２直線と交わる一つの直線が同じ側につくるの内角の和が２直角より小ならば、２直線をそのまま伸ばせばどこかで交わる	平行線の定義

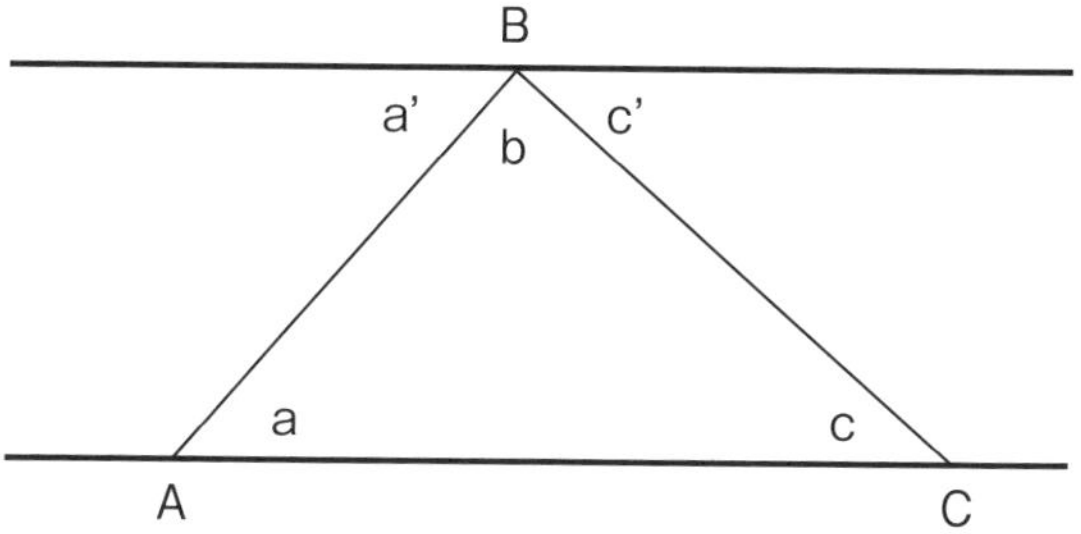

平行線の定義から三角形の内角の和が 180° であることを証明する

持ったユークリッド幾何学は、上図上のような5つの公準が提示されています。公準は定理ほど明確ではありませんが、原理的に承認されているものです。この中の第5公準の平行線の定義を用いると、三角形の内角の和が180度であることを導くことができることを発見したのです。これが上図下に示したものです。

2本の平行線の中に三角形を描き各点をA、B、Cとすると、平行線に引かれた斜線ABとの間に形成される∠aと∠'aは錯角となり、斜線ＢＣと平行線の間に形成される∠ｃと∠'ｃも錯覚で等しくなります。

つまり、∠ａ＝∠ａ'　∠ｃ＝∠'ｃで上側の直線線内に作られた∠'ａ＋∠ｂ＋∠'ｃ＝１８０度となるので、三角形の内角の和＝∠ａ＋∠ｂ＋∠ｃ＝１８０度になります。

次にアインシュタイン少年は、三角形には合同と相似の性質があることも学んでいます。

それは、

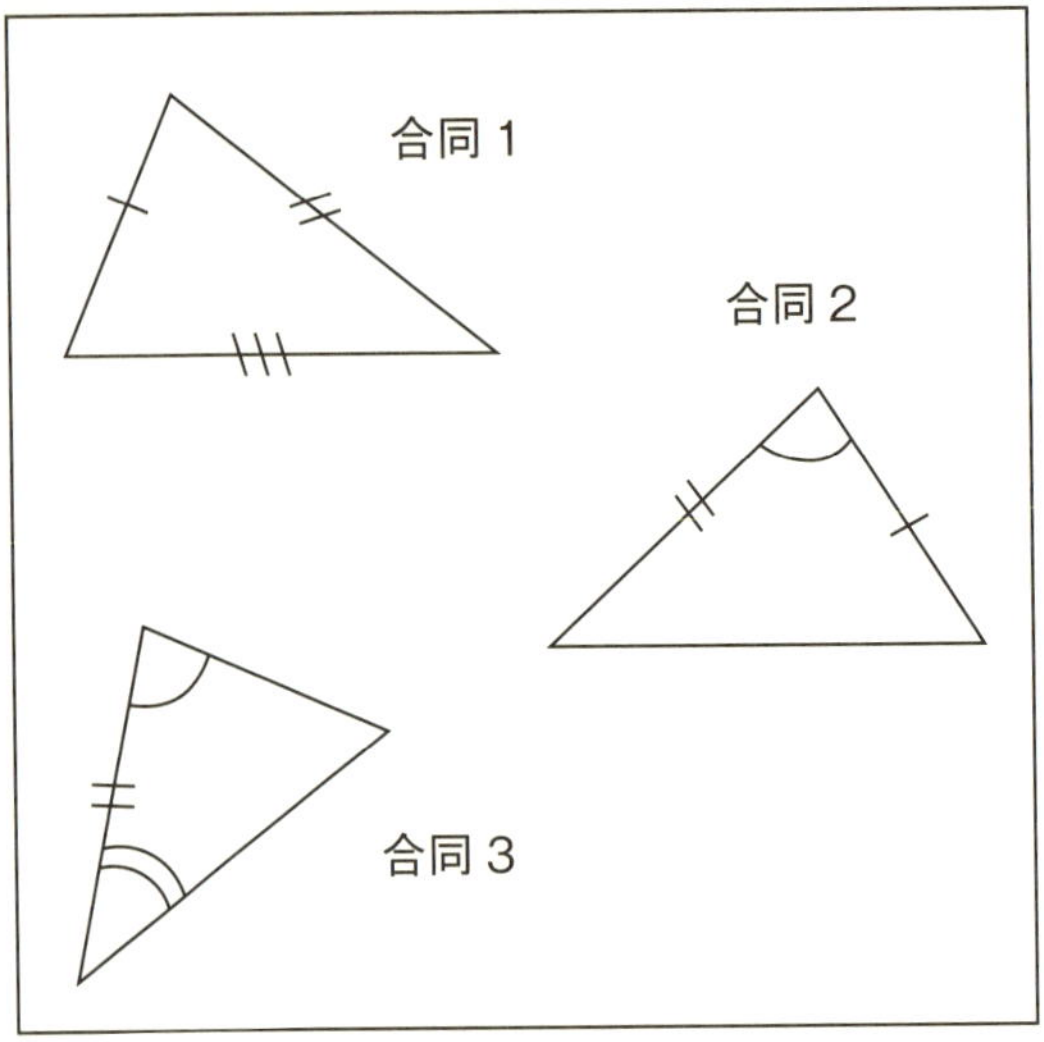

三角形の合同の条件

三角形の合同の条件

①３辺がそれぞれ等しい
②２辺とその間の角が等しい
③１辺とその両端の角が等しい

三角形の相似の条件

①３組の辺の比が等しい
②２辺の比が等しく、その間の角が等しい
③２組の角がそれぞれ等しい

となることから、アインシュタインはあることを思いつきます。それは直角三角形の直角部を頂点とした三角形を描きその頂点から、

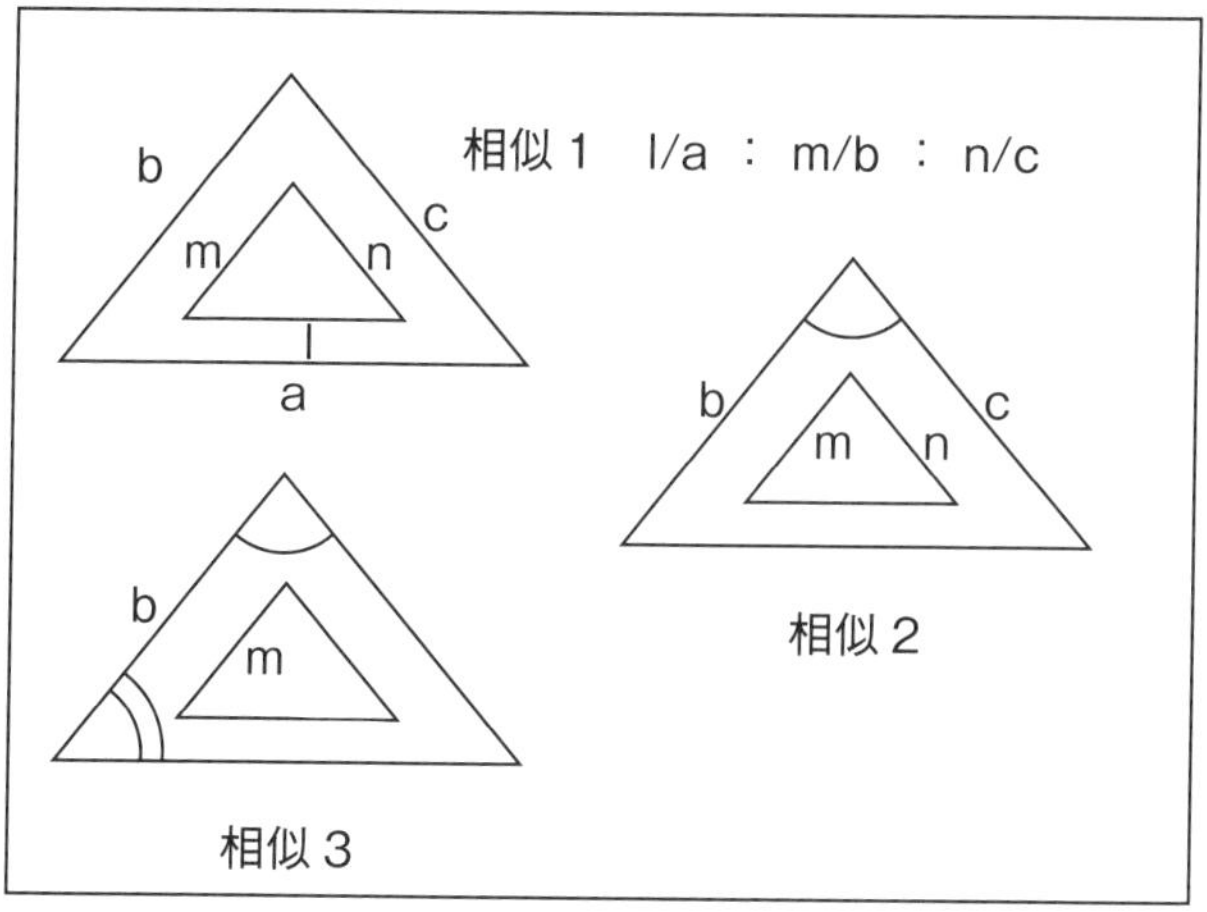

三角形の相似の条件

底辺にむけて垂直線を描きます。すると、△ＡＢＣ、△ＡＣＤ、△ＡＢＤの３つの三角形が作られます。そしてこの３つの三角形が、③の相似の条件を満たしていることから、ピタゴラスの定理を解くことができることに気がつきました。その詳細については、70ページで詳しくご紹介します。

１次方程式が簡単に分かる方法

アインシュタインの「光電効果理論」が分かるようなるには１次方程式をしっかり理解しておく必要があります。１次方程式を考える際、グラフ用紙の使い方を知っておくと便利なのでまずそのことから説明しておきます。

グラフを使うと、数式だけで考えているよりもずっと分かり易くなります。例えば、中学に入ってからの数学でもっとも戸惑うのは、マイナス×マイナスがどうしてプラスになるのかということではないでしょうか。

普通は大きい数から小さい数をマイナスするものですが、逆に小さい数から大きい数を引いて答えがマイナスになってしまうのも分かりづらいかも知れません。そこで簡単な数式を書いてみます。

（1）　$3+5=8$

（2）　$5-3=2$

（3）　$3-5=-2$

（4）　$-3-5=-8$

（5）　$3\times5=15$

（6）　$3\times-2=-6$

（7）　$-2\times-3=6$

（8）　$3\div-2=\frac{-3}{2}$

（9）　$-2\div-3=\frac{2}{3}$

この中で、（3）、（6）、（7）、（8）、（9）が分かりにくいかと思います。そこで、この数

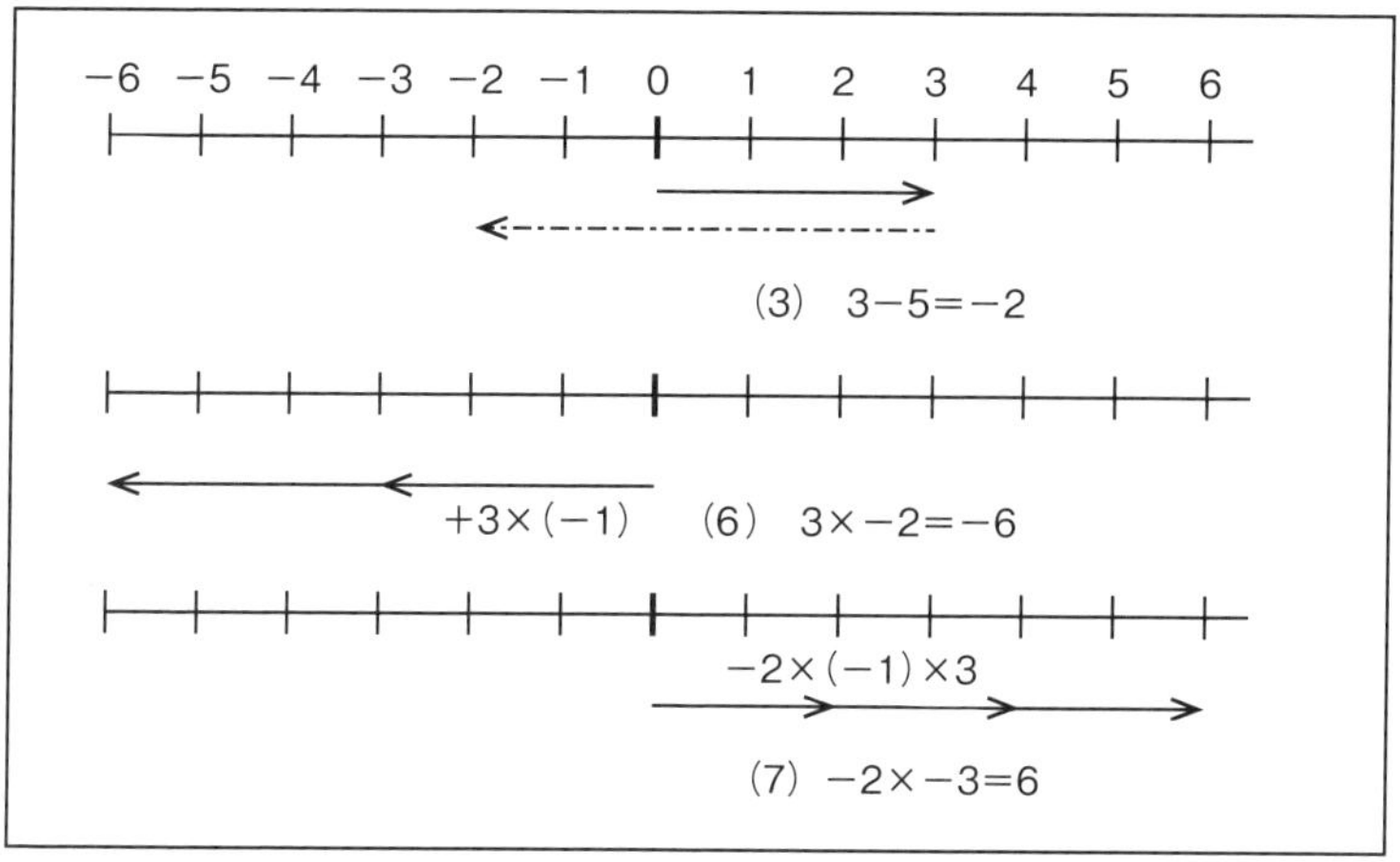

マイナス×マイナス、を矢印の図で示すと分かり易くなる

式を図式化する方法を考えます。グラフに図を描くことは中学で習うはずですが、この方法がマイナス×マイナスがプラスになることを証明してくれます。

まずグラフ用紙に上図のように（3）式（6）式（7）式を書き込んでみましょう。

それぞれ横軸の上にプラスの数値は右向きに、マイナスの数値は左向きに矢印で示されています。グラフ用紙では0点を中心に右側をプラス、左側をマイナスに目盛づけしています。（3）式は右向き矢印を3とし、左向き矢印を5としています。この式の意味は最初右向きに3進み、次に方向を左向きに5進むので、結果は-2となります。

（6）図では右向き矢印3を左向き矢印3とし、これに2を掛ける図を示していますが、最初マイナス2を左向き矢印2として書き、これに3

を掛けて−6とする方が簡単かもしれません。

（7）式は、左向き矢印を2とし、これにマイナス3を掛けます。ここでも$-2\times-3=-2\times(-1)\times3$と考えます。

すると左向き2に（−1）を掛けると、方向が右向きの+2に変わります。そしてこれに3を掛けるのですから、+6となります。

$$-2\times-3=-2\times(-1)\times3=2\times3=6$$

つまり、−2、−3は、$(-1)\times2$、$(-1)\times3$と考えるのです。

（−1）を掛けるという意味は、今向いている方向の反対方向、つまり180度向きを変える操作を示す記号だと考えても良いのです。次の問題は（8）（9）の割り算の式です。これは次の様に考えます。

（8）$3\div-2=\frac{3}{(-1)\times2}=\frac{(-1)\times3}{(-1)\times(-1)\times2}=\frac{-3}{2}$

（9）$-2\div-3=\frac{(-1)\times2}{(-1)\times3}=\frac{2}{3}$

天才バカボンのパパが良く言っている、「反対の反対は賛成なのだ」をこの図に当てはめると、よりわかりやすいかもしれません。

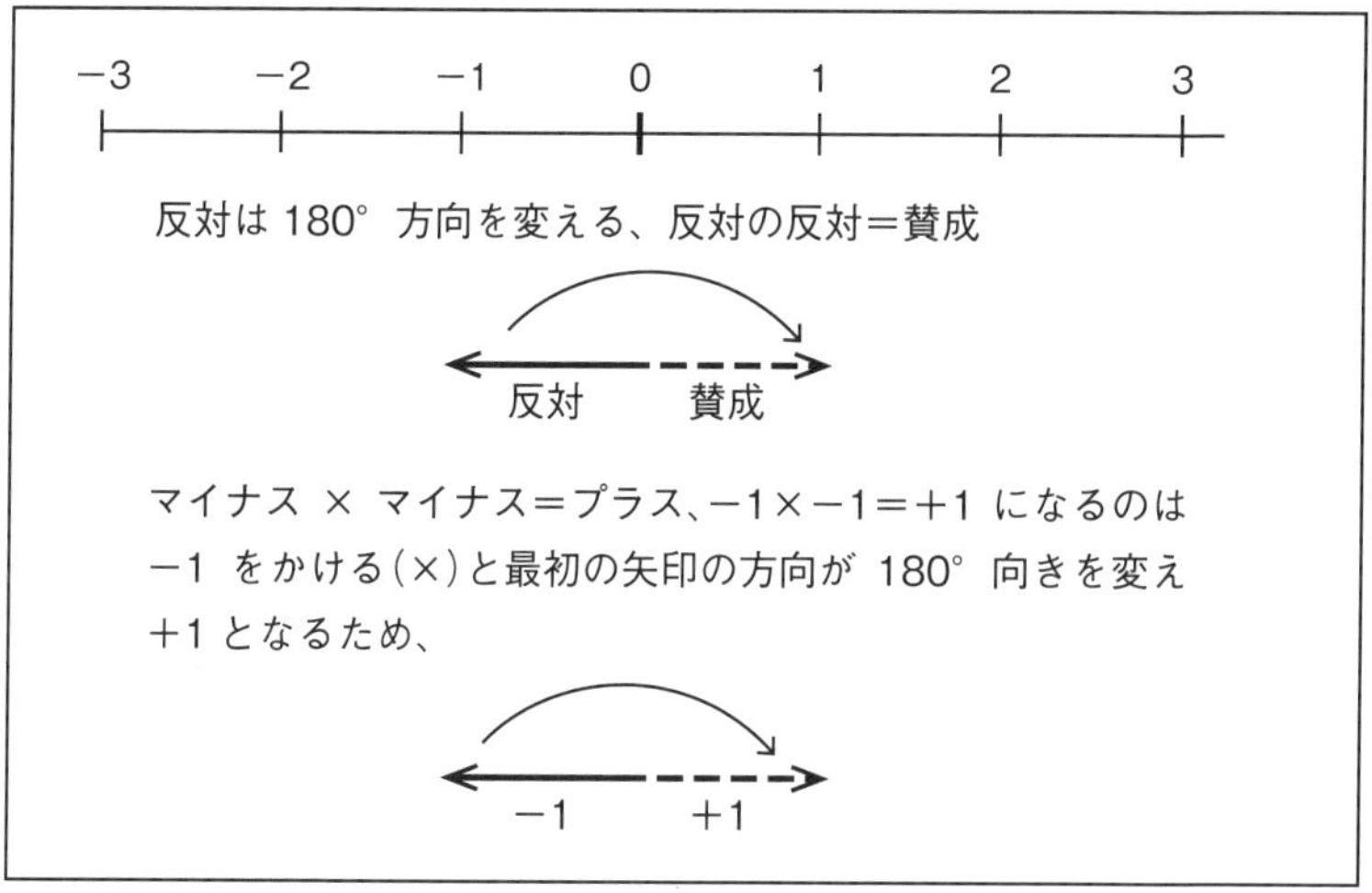

「反対の反対は賛成」とマイナス×マイナス＝プラスは同じことを示している

まず、賛成をプラスとし反対をマイナスとします。これを上図に示します。最初は反対意見ですから、左矢印になります。そして、この意見に反対すると、考え方を180度変えたわけですから、右矢印に変わり賛成意見になったということです。

次にこれを数学的に考えてみます。−1×−1=+1を証明しようとするものです。まず最初に−1の矢印を書きます。そしてこれに−1を掛けます。この−1を掛ける操作は矢印を反対方向に向けること、つまり方向を180度向きを変えたのです。(−1)を掛けることは反対方向に向きを変えることなのです。

実は「反対の反対は賛成」だという考えを進めると、数学よりも奥深い論理学であることがわかります。

例えば、数学では　－1×＋1＝－1
＋1×－1＝－1

と全く同じですが、論理学から考えると反対の意見をそのまま通し続けることと、賛成の意見を180度変えて反対するのとでは、結果は同じでもその経過は全く違うのです。例えば、お風呂に入る場合、「着物を脱いで」から「お風呂に入る」と「お風呂に入って」から「着物を脱ぐ」では、行っている行動は同じですが、全く違った意味になってしまいます。

主人公に「反対の反対は賛成なのだ」と論理学の本質を語らせている赤塚不二夫氏は、本当に天才マンガ家だったのだろうと私は考えています。

グラフを書けば1次方程式がわかる

グラフの書き方にはあるルールがあります。まず、方眼紙の大体中央部に左図のように0点をとります。そして横軸をX軸とし、縦軸をY軸とします。X軸に書き入れる数は、右側をプラス左側をマイナスとします。Y軸は上側をプラス下側をマイナスとします。そして、このX軸とY軸で仕切られた領域は、右上を第1象限、左上を第2象限、左下を第3象限、右下を第

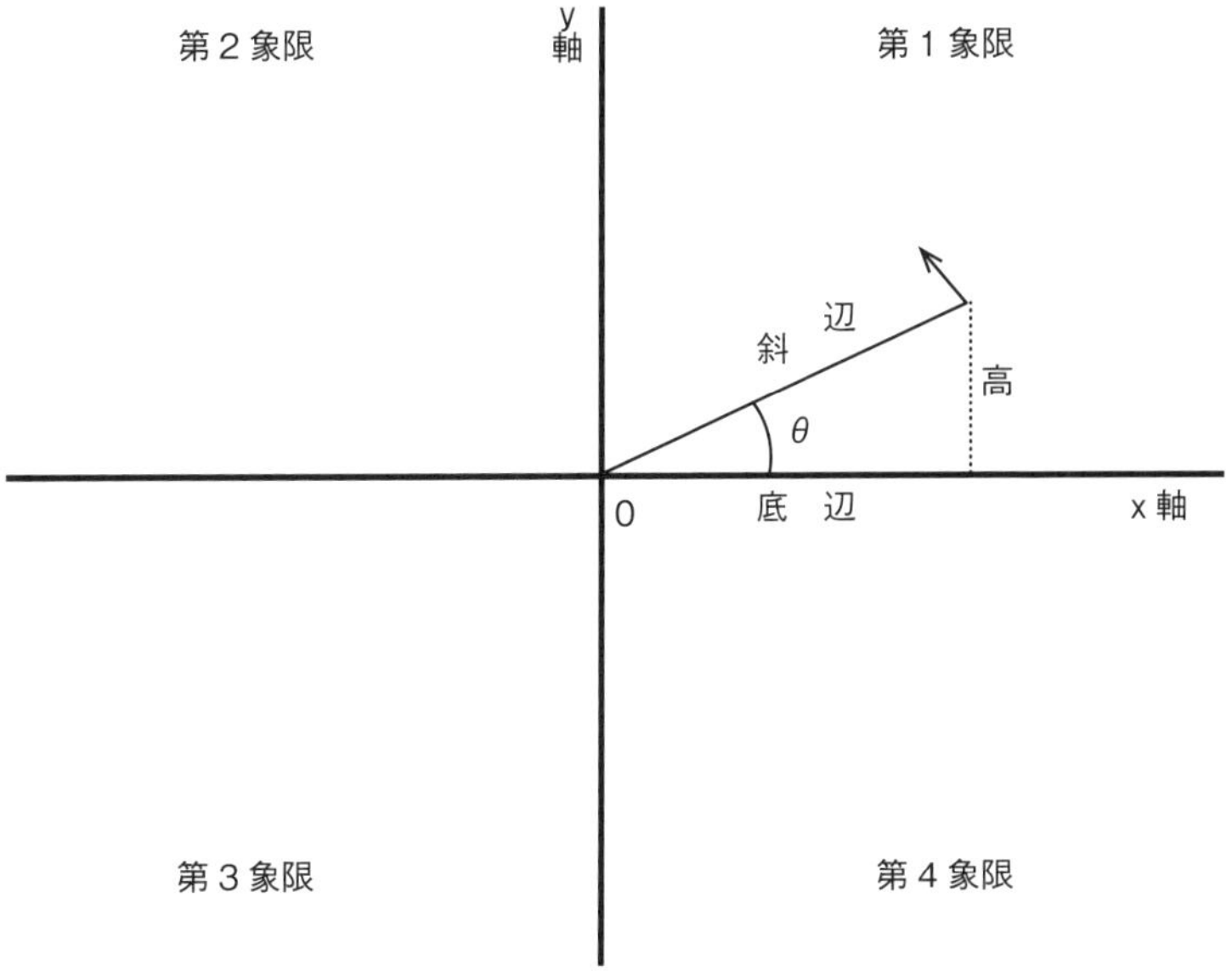

グラフは、横軸をX軸、縦軸をY軸と決め、４つに区切られた右上の区分を第１象限としてそこから反時計まわりに第２象限、第３象限、第４象限、とするなどのルールがある

４象限としています。筆者は以前、右上を第1象限、右下を第2象限、左下を第3象限、右上を4象限とした方が何となく分かり易いような気がしていました。それは時計の針が右回りだからです。

しかし、数学的に考えると、どうしても左回りでないと具合が悪いのです。それは時計の長針にあたる動径が右回りだと、三角関数でサインの形をグラフにすると、マイナスから始まってしまう不都合があるためです。

さて、これから1次方程式の話に入ります。1次方程式は

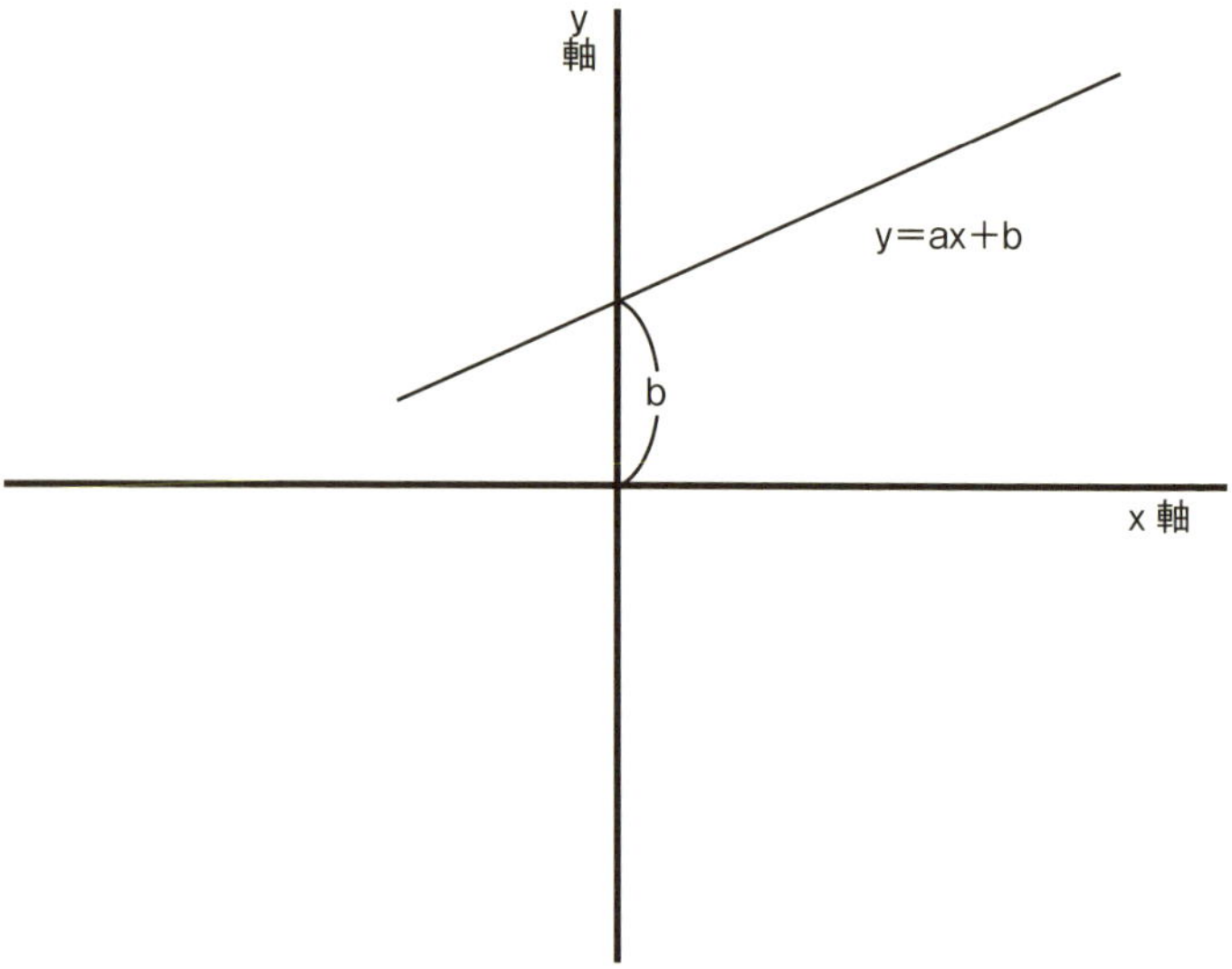

1次方程式　y = ax + b をグラフにする

$y=ax+b$

と表されます。それぞれの英文字の意味は

yは求める数

xは変化する数

aは勾配

bは切片

で、これをグラフに書くと上図のようになります。

このグラフは右上がりになっていますが、勾配を示す係数aがマイナスであると、このグラフは右肩下がりになります。

また1次方程式の式は日常的におこる比例関係にある現象をグラフで表すことができます。例えば、オームの法則や、新幹線の速度などはこの1次方程式の関係になっています。そして、１次方程式は、光電効果を証明する際にまた登場します。

分数ってなんだろう

ここでは、単に分数を計算する方法を述べているわけではありません。分数というものの意味を考えながら計算することをお勧めしているのです。分数は分子÷分母という意味だけでなく、分子／分母という比率の意味が大きいのです。この考え方は、アインシュタインのブラウン運動や相対性理論を理解するときにも役立つものです。

分数の足し算、引き算、掛け算、割り算はちょっと厄介です。特に足し算、引き算、割り算が厄介です。

分数は基本的には分子を分母で割ったものですから分子÷分母、または、分子／分母であることを良く知っておくことが重要です。例えば、$\frac{1}{2}+\frac{1}{5}$ を次のように、

$$\frac{1}{2}+\frac{1}{5}=\frac{2}{7}$$

と計算してしまう人がいるようです。７分の２は０・２８５……。これが正しいかどうかは、それぞれの分数を割り算して加えてみれば分かります。１／２は０・５、１／５は０・２ですから、これを足すと０・７となり、先の計算が間違っていることが分かります。分数の計算では、分

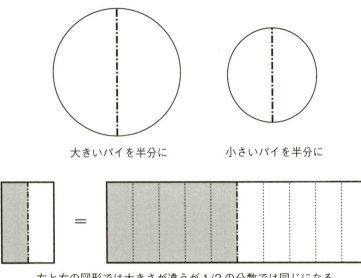

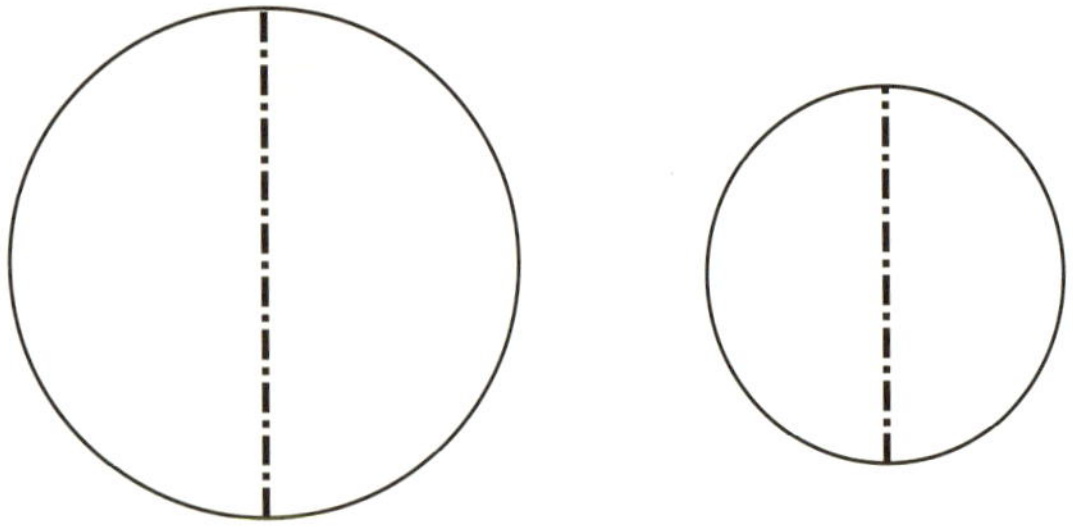

大きいパイを半分に　　小さいパイを半分に

左と右の図形では大きさが違うが 1/2 の分数では同じになる

母が非常に大切な意味をもっているのです。

それを上図上に示しました。1/2というのは全体の大きさに関係なく単に割合を示したものなのです。これは図で示してみると分かり易くなります。

例えばここに丸いパイが2枚あり、それを1/2ずつ切って、4人で分ける場合、図のように大きさが違うのでそのまま4枚に分けたのでは不公平になってしまいます。

同じことを矩形の図で考えてみます。上図下の左側の矩形と右側の矩形は大きさは全く違います。しかし、これを1/2した割合は、分数としては全く同じになります。つまり分数はある数を表すのではなく、その割合を分子/分母の関係として示したものなのです。ですからこの図は分数で考えると＝で等しいものと考えるのです。

このことが分かれば、$\frac{1}{2}+\frac{1}{5}$を計算する場合そのまま足し算をしてはいけないことが分かります。これを計算するためには、両方の図形の大きさを同じにしてから、プラスしたり、マイナスしたりしなければならないことは理解できると思います。その方法は、同じ分母同士、つまり共通の分母になるように計算してからプラス、マイナスの計算を行うのです。一番分かり易いのは分母同士を掛け、これを分母とした分数に計算し直すのです。その例を上図に示しました。つまり

（$\frac{1}{2}$）を（$\frac{5}{10}$）に変え

（$\frac{1}{5}$）を（$\frac{2}{10}$）に変えた後計算して

$$\left(\frac{1}{2}\right)+\left(\frac{1}{5}\right)=\left(\frac{5}{10}\right)+\left(\frac{2}{10}\right)=\frac{7}{10}$$

とするわけです。

同様に引き算の場合も

$$\left(\frac{1}{2}\right)-\left(\frac{1}{5}\right)=\left(\frac{5}{10}\right)-\left(\frac{2}{10}\right)=\frac{3}{10}$$

となります。これを次ページに示しました。

掛け算は分子同士、分母同士をかければ良いので簡単です。

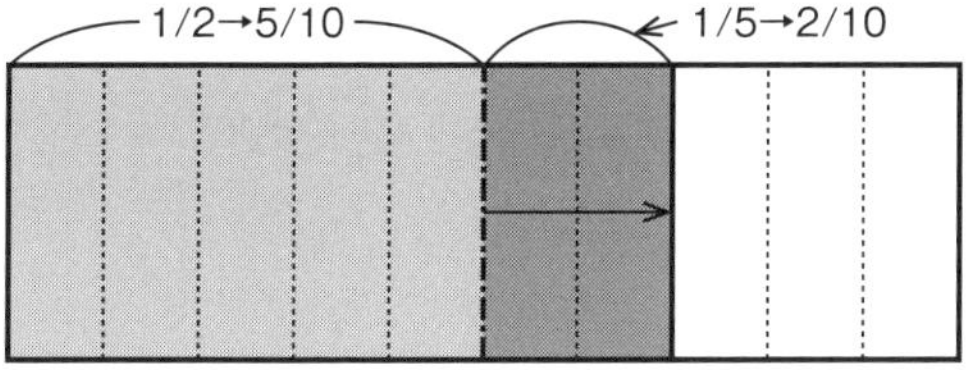

$$\frac{1}{2}+\frac{1}{5}=\frac{5}{10}+\frac{2}{10}=\frac{7}{10}$$

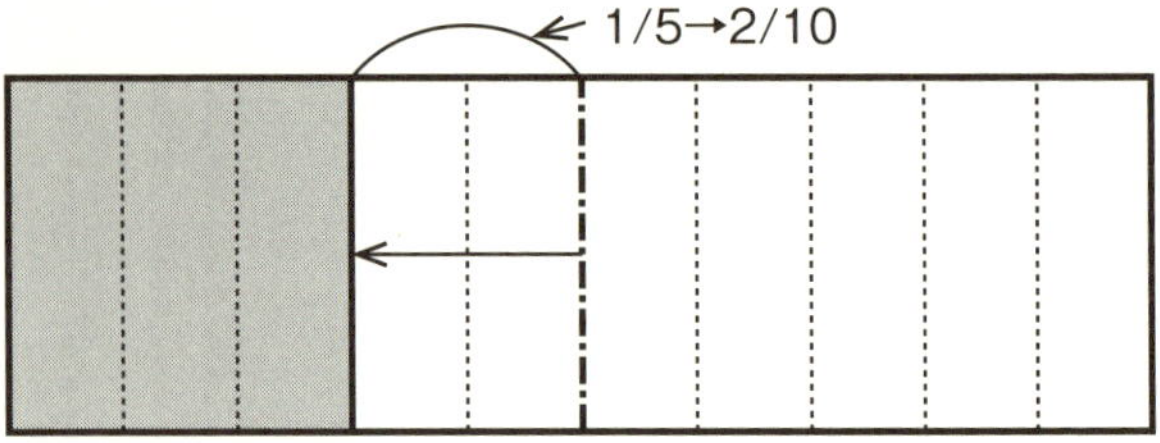

$$\frac{1}{2}-\frac{1}{5}=\frac{5}{10}-\frac{2}{10}=\frac{3}{10}$$

しかし、分数の割り算の場合、$\frac{3}{5}\div\frac{2}{5}$ とすると、割る方の分数を逆にして掛けると教わった人が多いと思います。つまり $\frac{3}{5}\times\frac{5}{2}$ とするのです。ただそのまま使うのでなく、その意味をきちんと理解しておくことが重要です。

分数を考えるとき、分子と分母に同じ数を掛けても答えは変わらないことを知っておくと計算が楽になります。同じように分子と分母を同じ数で割っても、分数の意味は変わらないのです。一つ例をあげてみます。

例えば $\frac{3}{5}$ を $\frac{1}{5}$ で割る場合です。この例では分母が1になるように $\frac{5}{1}$ を掛けると $\left(\frac{1}{5}\right)\times\left(\frac{5}{1}\right)=1$ となりますので、$\left(\frac{5}{1}\right)$ を分母と分子の両方に掛けると

$$\frac{\frac{3}{5}}{\frac{1}{5}}=\frac{\left(\frac{3}{5}\right)\times\left(\frac{5}{1}\right)}{\left(\frac{1}{5}\right)\times\left(\frac{5}{1}\right)}=\frac{3}{1}=3$$

となります。分数を考える場合、分母と分子の関係は、ある割合を示していることをよく覚えておくことです。

分子を分母で割るというのは、この二つの数値がどのような比率になっているかを示しているのです。この考え方が分かると、アインシュタインのブラウン運動での問題が理解できるのです。その問題とは花粉ではブラウン運動が見られない現象で、この疑問を解く鍵が分数の考え方にあるのです。この事については4章で詳細を紹介します。

アインシュタインが解いたピタゴラスの定理

ここでピタゴラスの定理を考えるのは、アインシュタインの相対性理論の中では√（平方根）が使われているので、その√に慣れておいた方が良いからです。

ピタゴラスの定理は中学3年生くらいで習います。ただ、ピタゴラスの定理を数学的に△ＡＢＣ＝△ＤＥＦ＋△ＧＨＩなどと書かれると段々わからなくなってきます。ピタゴラスの定理を幾何学的に解くコツは、補助線の引き方にあります。次ページにピタゴラスの定理を証明するための最も重要な最初の補助線だけを示してみます。

ピタゴラスの定理は三平方の定理とも言われています。この定理は、最初の補助線が描ければ分かりやすくなります。

ピタゴラスの定理は　$a^2+b^2=c^2$ です。

これを幾何学的に考えると、まず、△ABCを描き、それぞれの辺 a^2、b^2、c^2 に相当する正方形□AGFC、□ABIH、□BCDEを描きます。そして辺DEに対して三角形の頂点Aから垂直の線を引き、それぞれの交点にJ、Kと記号を付けます。

この証明のポイントは

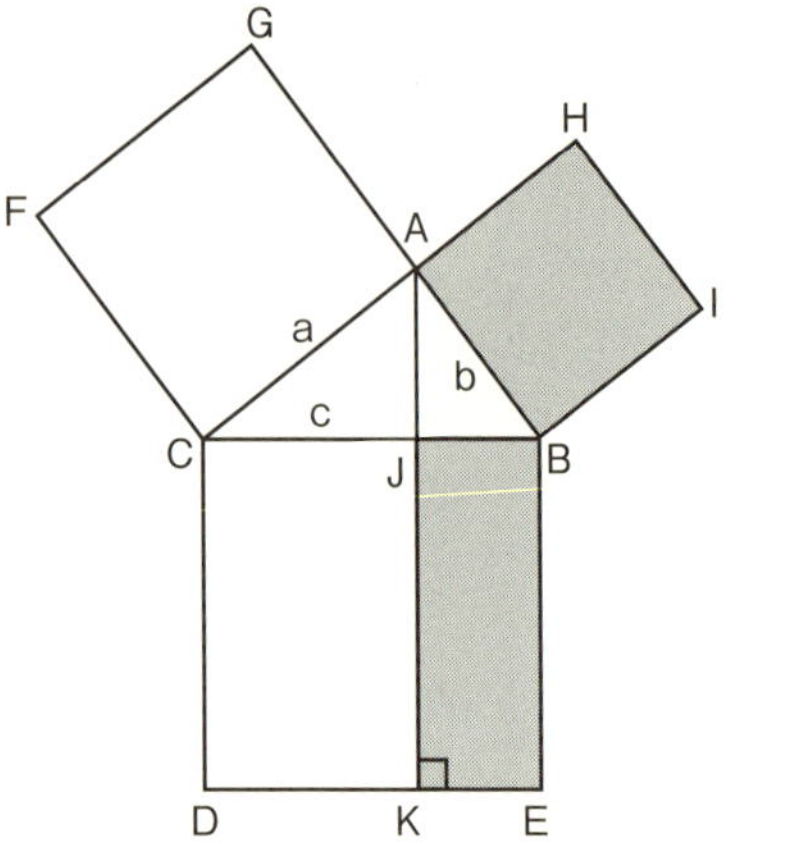

ピタゴラスによって解かれた三平方の定理

a^2＝□AGFC＝□CDKJ

b^2＝□ABIH＝□JKEB

c^2＝□BCDE＝□CDKJ＋□JKEB

とすることです。

つまり、c^2＝□BCDEの面積が、JからKに引かれる線で分けられた、左側の長方形□CDKJと右側の長方形□JKEBの合計の面積になることを証明するのです。図で示すと、少し色をつけた右側の長方形□JKEBと b^2 の面積が等しく、影のない□CDKJと a^2 の面積が等しいことを証明する訳です。ただ、この問題

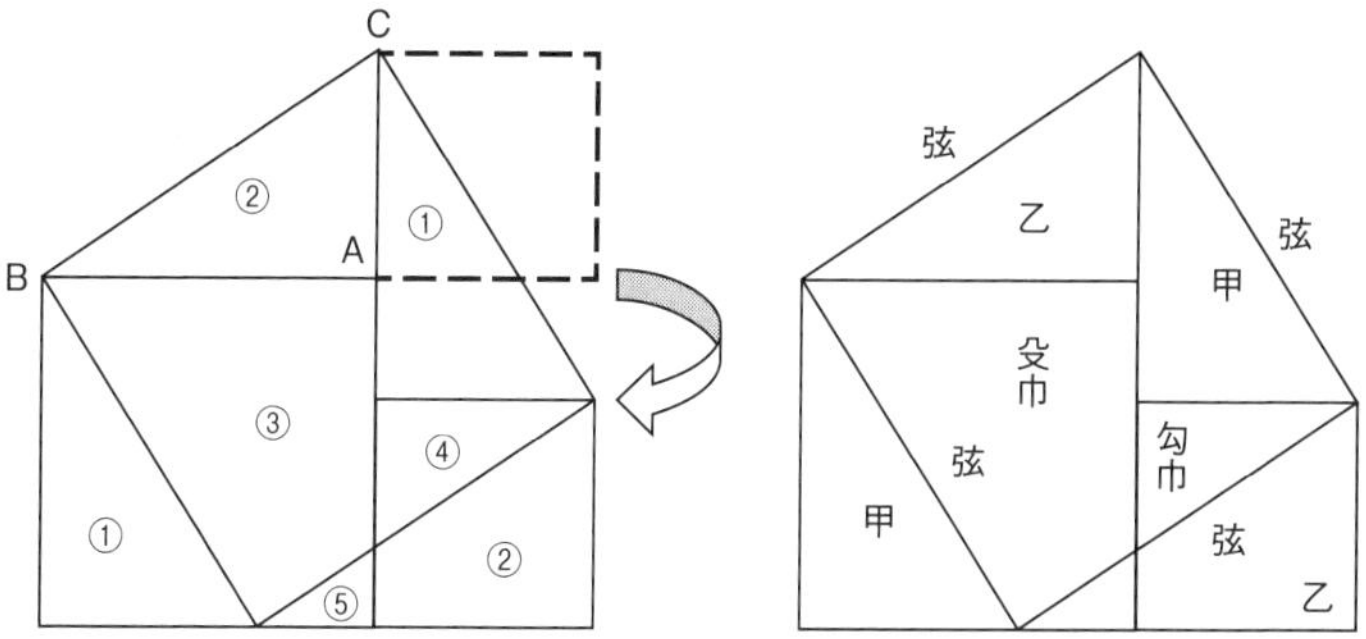

関孝和のピタゴラスの解法

を解くには、あと4本の補助線をつけ加えなければなりません。これはちょっと中学の段階では難しくなりますので、後で中学で習う易しい解法を述べることにします。

筆者がこれまでいろいろなピタゴラスの定理の解法を見て非常に感心したものがあります。それは江戸時代の和算の数学者、関孝和の方法です。それを上図に示しました。関孝和は次のように表現しています。

弦：斜辺の長さ：ＢＣ

勾：三角形の高さ：ＡＣ

殳：三角形の底辺：ＡＢ

その解法は上の右図に示されるもので、図を見ただけで簡単に解けることがわかります。

この関孝和の和算用語を数学で用いる記号に置き換えて左側の図に示してみると

$(AB)^2 = ① + ③ + ⑤$

$(AC)^2 = ② - ⑤ + ④$

$(BC)^2 = (AB)^2 + (AC)^2 = (① + ③ + ⑤) + (② - ⑤ + ④)$

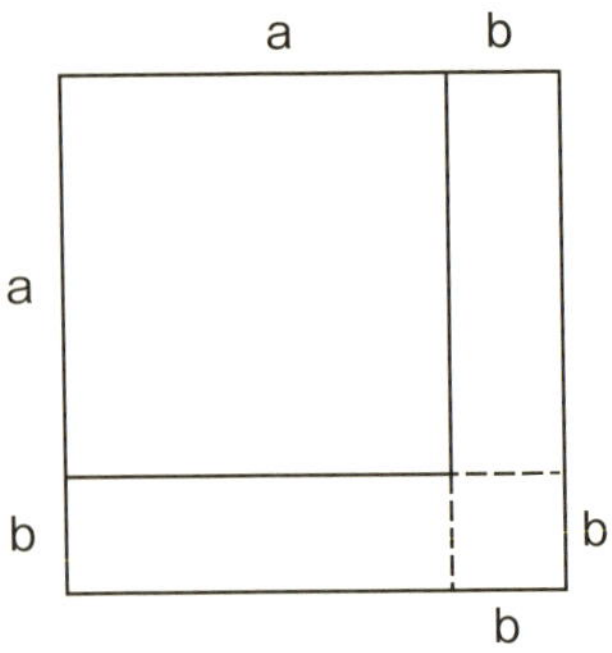

$a^2+b^2+2(ab)$

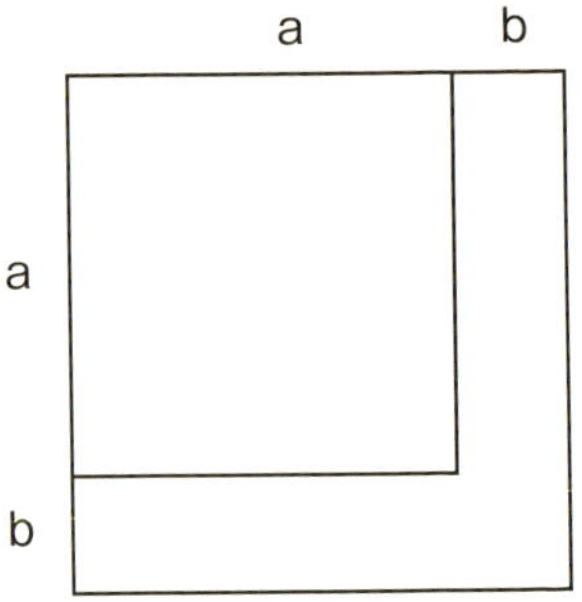

$(a+b)^2$

＝①＋②＋③＋④

となり、関孝和のピタゴラスの定理が証明できました。

この中で非常に面白いのは、高さの辺の面積を計算する場合、一旦、上に書いておいた図を下にもってきて重ねあわせているところです。

ピタゴラスの定理で分かったことは、各辺の2乗は面積を表すことを利用しているのです。つまり、正方四辺形は、縦の辺×横の辺＝（同じ長さの辺を2乗する）ということを使ったわけです。

これを用いると、$(a+b)^2$ の式を図で書いて説明することができます。

一辺aの正方形にbの長さを足した正方形を上図右に示しました。つまり一辺の長さが（a＋b）の正方形の面積を図形で示したものです。

次にその面積を区切って調べると、a×a、b×b、a×bが2個ある図形になる上図左のようになることが分かります。

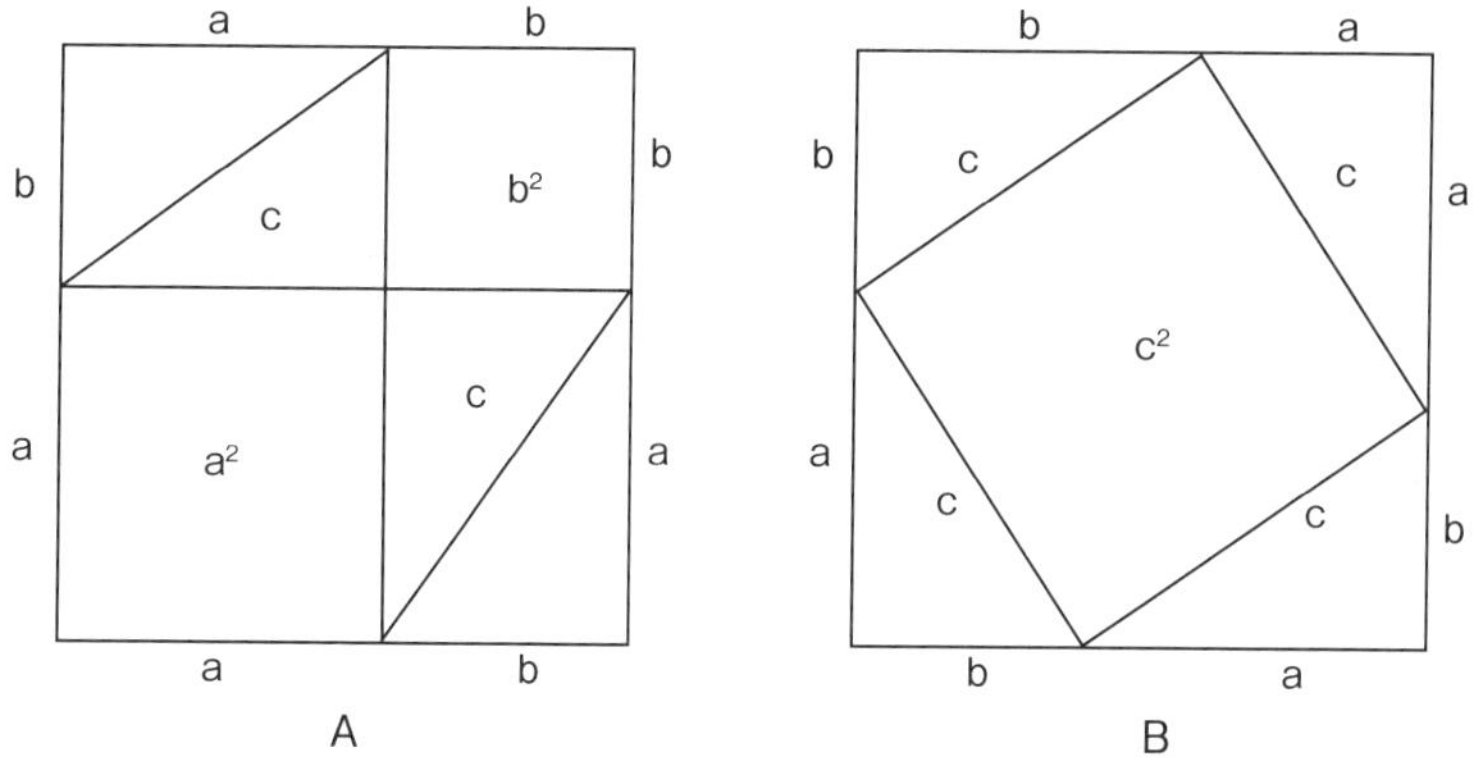

中学で習うピタゴラスの定理の証明

A図：$a^2 + b^2 + (ab/2) \times 4$　　B図：$c^2 + (ab/2) \times 4$

これは因数分解で使われる式を図として幾何学的に解いたことになります。

次に中学で習うピタゴラスの定理の解き方を述べておきます。

上Ａ図は　$(a+b)^2 = a^2 + b^2 + 2ab$

上Ｂ図は　$(a+b)^2 = c^2 + 2ab$

つまり、Ａ図－２ａｂとＢ図－２ａｂが等しいことが証明されますから、

$$a^2 + b^2 = c^2$$

を証明することが出来ます。

ところで、この章の扉絵、ギリシャの切手に描かれた絵について紹介します。この切手の図では三角形の各辺の面積をタイルを貼り合わせた形で示しています。

右側斜辺：3枚×3枚＝9枚　　つまり：3^2

左側斜辺：4枚×4枚＝16枚　　つまり：4^2

底辺：　5枚×5枚＝25枚　　5^2

切手に描かれたピタゴラスの定理は、検証するまでもありませんが、大変面白いデザインを使ったものだと感心させられます。

ここで本題に入ります。後にピタゴラスの定理を用いることで相対性理論を説明するつもりですが、ここでは、アインシュタインが相対性理論の結論として導き出した式で使われている$\sqrt{}$ルート（平方根）の意味を説明しておきたいと思います。

90度の角を挟む2辺の長さが1の場合について考えてみます。これを上図に示しました。

ピタゴラスの定理は、

$$a^2+b^2=c^2$$

ですから、これに各辺の数値を当てはめてみると

$$1^2+1^2=2$$

となります。従って、

$$c^2=2 \text{ から } c=\sqrt{2}$$

となります。

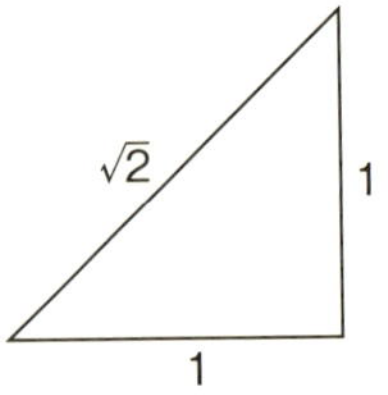

2辺が1の2等辺三角形の斜辺の長さ

ルート（平方根）は普段の生活でなかなか使うことは無いのですが、江戸時代の匠（大工さん）たちは、ルートの意味をよく知っていたようです。

それは、木を組み合わせて構造物を作り上げていく際に、板と板

で隠れた部分の斜辺の長さを計算しなければならばかったためです。

そのため、大工さんが使う曲尺（かねじゃく）には、正方形の柱の対角線の長さや、矩形の斜辺の値を、ルートに相当する数値として測ったり、計算することが出来るように、それらの数値が刻まれています。

アインシュタインが解き明かした相対性理論では、√の入った式が使われています。電卓があれば、後で述べる相対性理論の実験結果を確認することもできます。

では、この章の最後にアインシュタインが解いたピタゴラスの解法について述べておきましょう。

それはアインシュタインが中学生の頃、幾何学の本を読んでこの定理の美しさに感動したことから始まります。

次ページの図がアインシュタインが導いたピタゴラスの定理です。

誰でもがアインシュタインのように問題を解けないかもしれませんが、数学の解答は一つだけでなく、いくつもの解き方があるのです。

アインシュタインのピタゴラス解法

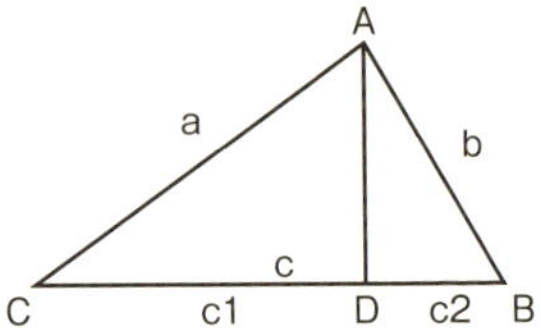

アインシュタインは右の三角形が下のように3つの相似形の3角形になることに気がつきます。

この1つの図の中に3つ三角形があるのです。

この図を見てすぐに相似形の三角形が3つあることが分かったアインシュタインはやはり凄い人なのでしょう。アインシュタイン12〜3歳の頃だそうです。

これが相似形であるかどうか確認してみます。この3つの三角形のそれぞれの角度が同じであれば相似の条件3に合致します。

まず、直角の部分＝∠BAC＝∠CDA＝∠ADB、です。三角形の内角の和が180度であることから∠C＋∠B=90度が分かりますから、三角形（2）の∠DACは90－∠C＝∠B、また、∠DCA＝∠C、で大きい三角形（1）の一部です。三角形（3）の∠DABは90－∠B＝∠C、また、∠DBA＝∠B、で大きい三角形（1）の一部です。これで3つの三角形の相似形が証明されました。

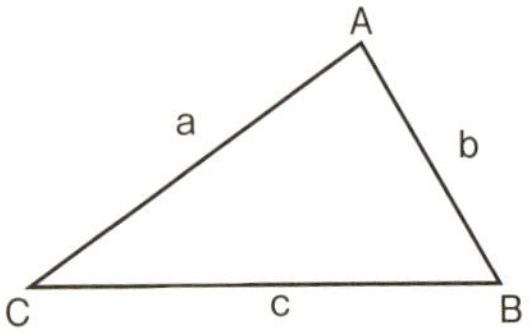

三角形（1）

$c^2 = a^2 + b^2$

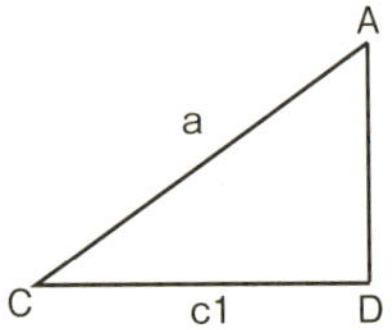

三角形（2）

$a^2 = (c1)^2 + (AD)^2$

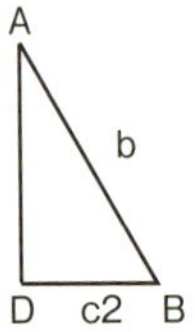

三角形（3）

$b^2 = (c2)^2 + (AD)^2$

この3つの直角三角形をピタゴラスの定理にあてはめてみると、上の式のようになり、すぐには解けません。そこでアインシュタインは相似形であることを応用して

$\frac{a}{c} = \frac{c1}{a}$ と $\frac{b}{c} = \frac{c2}{b}$ を考えます。するとこの式から

$a^2 = c \times c1$、$b^2 = c \times c2$ が得られます。

$a^2 + b^2 = (c \times c1) + (c \times c2)$

$a^2 + b^2 = c \times (c1 + c2)$

$c1 + c2 = c$ ですから

$(c1 + c2) \times c = c^2$ となるので

$a^2 + b^2 = c^2$

となります。これがアインシュタインが解いたピタゴラスの定理です。

こんな解き方をするところに天才の片鱗が示されているのかも知れません。

この章の最後に大きい数、小さい数の表し方についての表を示しておきます。この数値は覚えておくと知識として役立ちますし、この単位は本書内でも後で用います。

大きい数字と小さい数字の表し方

記号	読み方	数　値	10の累乗
E	エクサ	100京	10^{18}
P	ペタ	1000兆	10^{15}
T	テラ	１兆	10^{12}
G	ギガ	10億	10^{9}
M	メガ	100万	10^{6}
K	キロ	1000	10^{3}
h	ヘクト	100	10^{2}
da	デカ	10	10^{1}
		1	10^{0}
d	デシ	１/10	10^{-1}
c	センチ	１/100	10^{-2}
m	ミリ	１/1000	10^{-3}
μ	マイクロ	１/100万	10^{-6}
n	ナノ	１/10億	10^{-9}
p	ピコ	１/１兆	10^{-12}
f	フェムト	１/1000兆	10^{-15}
a	アト	１/100京	10^{-18}
Å	オングストローム	１/100億	10^{-10}

Åは原子の大きさなどを表す時に使われるものです。

第3章　中学の理科でアインシュタインを学ぶ

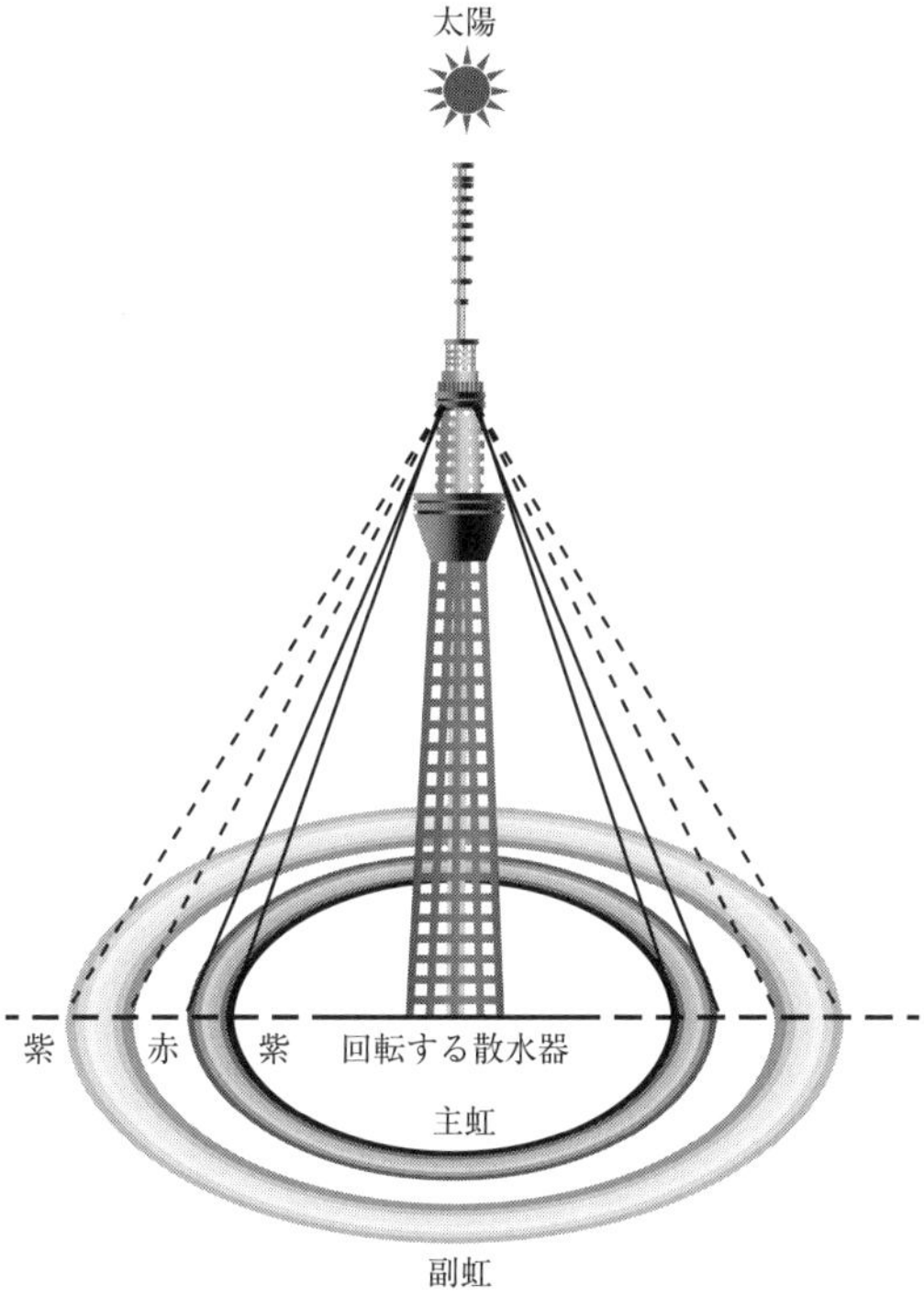

東京スカイツリーで虹を作る

頭の中で考えるだけなので、ちょっと大げさな実験装置を考えました。実験は、主虹と副虹の２つの虹を同時に見られるようにするものです。

やさしい実験にこそ真理がある

ここでも、中学の理科でアインシュタインの考え方を学ぶことを行いますが、それは、アインシュタインの理論をそのまま理解するのは非常に難しいからです。ですから、ここでも、「光電効果」については、中学で習う光の性質を復習し、「ブラウン運動」については、原子、分子の考え方を学び、「相対性理論」については、力、運動、速度を学ぶことで、これらが第4章でご紹介する「実験で説明する3大理論」がより理解しやすくなると思います。

アインシュタインは数学については、ユークリッド幾何学のような基礎的な考え方を重要視していたことは前章でご紹介しましたが、理科についても同じ考え方を持ったようです。アインシュタインの残した言葉に次のようなものがあります。

「物理学の初期の授業では実験、そして見て面白いものだけをやるべきだ」

アインシュタインは、まず面白いと感じさせることが重要だと考えていたのです。そして、現実的に実験が難しい問題については、いつも頭の中で作り上げた仮想の実験装置で「思考実験」を行っていたそうです。この少年時代からの習慣が、問題を整理しながら創造的に考えるというアインシュタイン独特の思考法に繋がっていったのです。

しかし「思考実験」が現実にはうまくいかないという事態が現れることもあります。虹を例としてみましょう。以前、東京スカイツリーに現れた虹の写真が新聞に掲載されたことがありました。そこで、この章の扉絵のような虹を東京スカイツリーの下に作るという仮想的な実験を考えてみます。

雨上がりの青空に現れる虹の美しさには古代から多くの人が魅了されてきました。虹が7色なのは、太陽の光線が7色に分解されるためだと最初に気付いたのは、あのニュートン（1642〜1727、物理学者、数学者）でした。ニュートンは太陽光線が7色の光に分離できることをプリズムを使って証明しています。そして、この光をもう一度プリズムを通すと太陽の光と同じ白色の太陽光線に戻ることも示しています。

虹がどうして起こるのかは科学的には完全に解明されています。しかし、論理的に解明されていても、実際に作ることは案外難しいのです。

次ページ図のように虹は本来、円形で主虹（しゅこう）と副虹（ふくこう）の2つがあることが分かっています。この虹を作り出すためには次の条件が必要になります。

①空の虹が現れる場所には水滴（雨粒）が存在していること

②虹を見る人の背中側に太陽があること

③主虹は、太陽光線と虹を作る水滴を結ぶ線と、これと平行な人間の視線との角度が40°〜42°の方向に紫〜赤の虹が見える

④副虹は、太陽光線と虹を作る水滴を結ぶ線と、これと平行な人間の視線との角度が43°〜

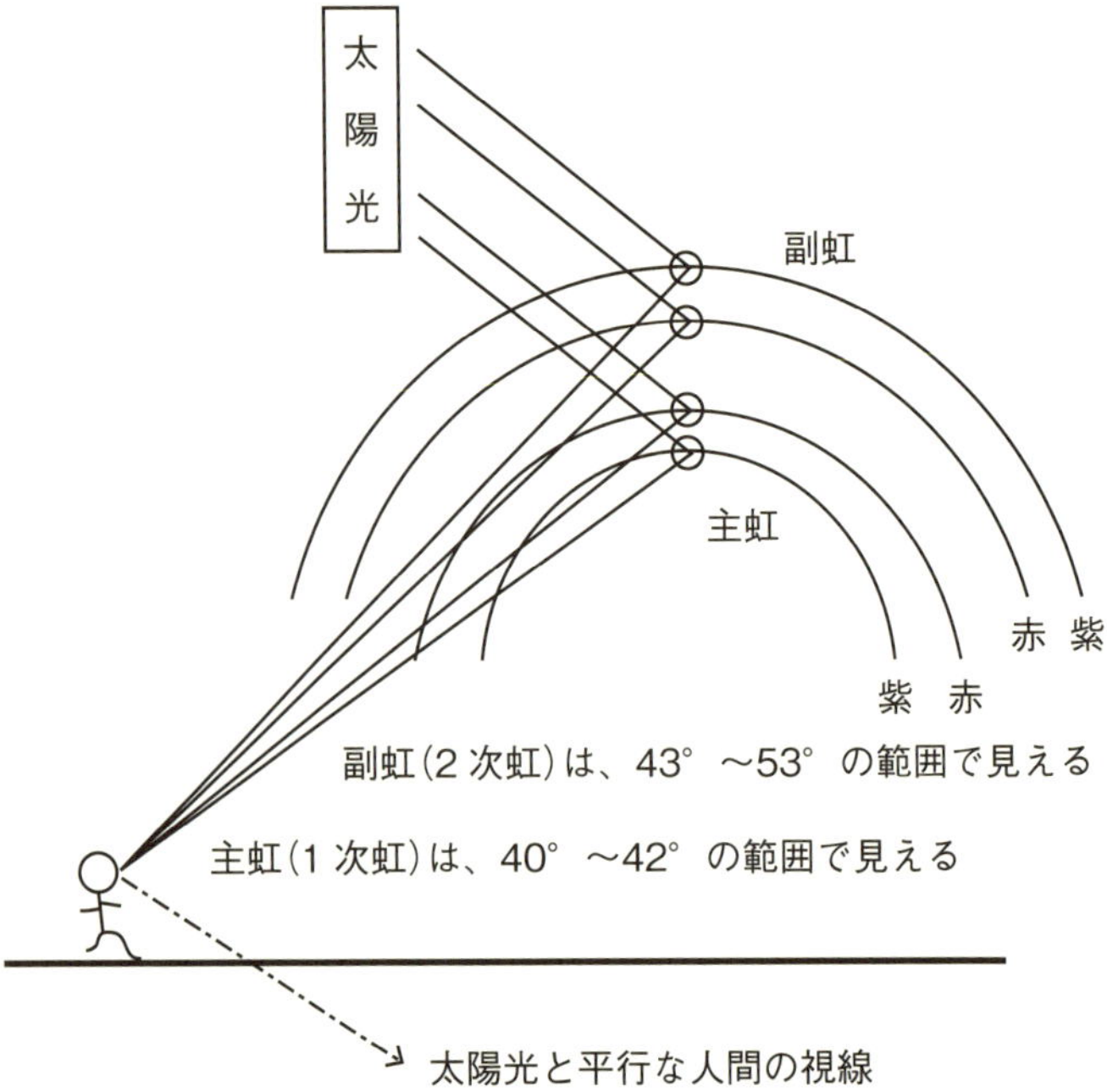

虹には私たちが普通見ている「主虹」と、滅多に見られない「副虹」の２種類がある。

53°の方向に赤～紫の虹が見える

そして、主虹と副虹が作られる水滴内部の状態を次ページ図に示しました。主虹の場合、太陽光が雨あがりの空に浮かんだ水滴に入射されると、光は水滴内で「屈折」し、次に底部で「反射」し、水滴から空気中に出る際に「分散」して赤、橙、黄、緑、青、藍、紫の7色に分かれます。

副虹の場合も太陽光が空に浮かんだ水滴に入射されると、水滴内で「屈折」し、次に底部で「反射」し、さ

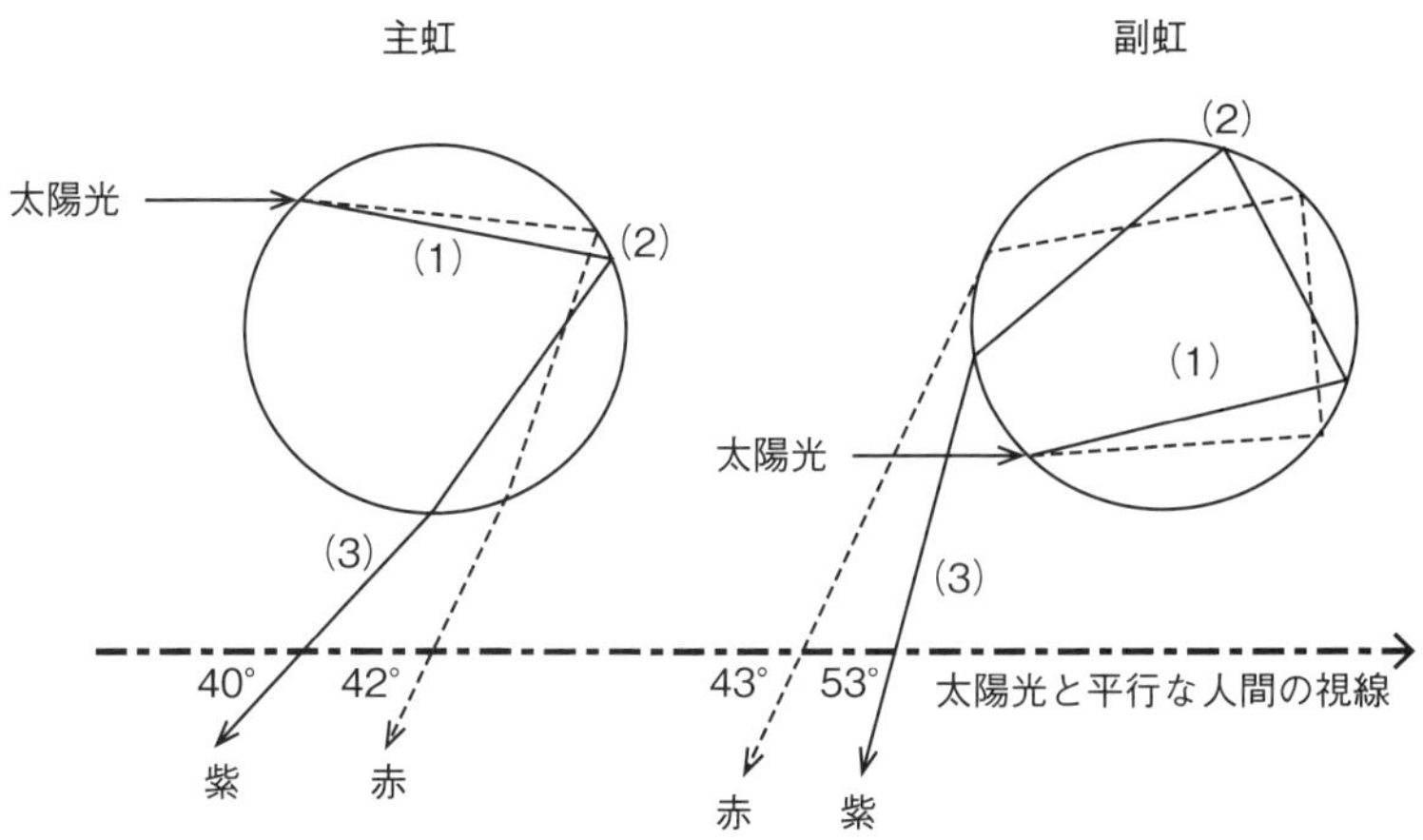

主虹と副虹は、雨粒の内部で起こる屈折（1）、反射（2）、分散（3）の違いによって生ずる

らにもう一度「反射」し、水滴から空気中に出る際に「分散」して紫、藍、青、緑、黄、橙、赤の順序に分かれます。この色の並び方は主虹とちょうど逆になっていますので、色の並びから主虹と副虹は区別できます。

さて、東京スカイツリーの下に虹を作る装置を考え第２展望台から観測するものとします。第２展望台の高さは４５０ｍですので、地上に水滴を作る散水機を作るとすると直径約１２４０ｍのシャワー装置のようなものを作る必要があります。また、この実験を行う条件として太陽が観測者の背後にあることが必要ですから、真夏の正午頃に実験を行えば良いことも分かります。

これは、仮想上の実験ですがこれで本当に虹が現れるのでしょうか？

これは、ＮＨＫの実験グループが行った報

告です。虹が最も良く見える条件を調べ、雨粒の大きさを直径1ミリにするのが最適であることを確認し、きれいな虹を作ることに成功しました。しかし、この実験では主虹は作れましたが、副虹を作ることが出来なかったのです。

私たちが日常的見ている虹、つまり主虹は非常に簡単に作ることができます。例えば、真夏の晴れた日の正午頃、子供が庭先でシャワー状の放水器で水を円形状に撒くとそこに円形の虹が現れます。子供の身長が1mならほぼ半径1mの円を描くように水を撒けばそこに虹を作ることができるのです。ところが、半径1m以上の場所に水を撒いても、そこに見られる筈の副虹が見られないのです。これがNHKの実験グループが示した結果でした。

実際に二つの虹が現れることは滅多にありません。ですからこの二つの虹はラッキー・レインボーなどと言われています。なぜ、副虹はあまり見られないのでしょうか。それは副虹が作られる場合は、入射した光が水滴内で2回反射されているので一部の光が失われ、最後に水滴から出てくる光の量が大幅に減るためだと考えられています。実際、2つの虹が見られた場合でも主虹の外側に現れる副虹は非常に薄く見られる場合が多いのです。

NHKの実験班は、虹を作るための水滴の直径は1ミリが最適だと考えましたが、副虹では最適な水滴の大きさが違うのかもしれません。また、実際に自然の中で虹が作られるための水滴には塩分などが含まれるため光の屈折率が高くなっていることも考えてみなければなりません。

実験は非常に有効な方法ですが、副虹のような微妙な条件を含んだものには適していません。しかし、このことは実験が無意味だということではなく、あらかじめ、これらのような条件を考慮しなければならないという情報が得られた点では大変意味のあるものなのです。実験は実際には散水するスプリンクラー装置の主虹部と福虹部では、水滴の大きさを調整する別々の機構をもち、水溶液として塩分などを添加できる装置を別々に準備しておく必要性があることを示してくれます。

磁石の謎が解けた

アインシュタインは５歳の頃父親ヘルマンから磁石をもらったとき、なぜ針が必ず北の方角を指すのかが不思議で、いつも磁石を持ち歩きながら考え込んでいました。このことがアインシュタインを物理学の道へ進ませるきっかけになったと言われています。

「相対性」という考え方を最初に提案したのはガリレオ・ガリレイです。詳しい説明は次章で述べますが、簡単に言うと静止した世界の中で動く物理的現象と、一定の速度で動いている世界の中で起こる物理現象は、お互いに違って見えるものだということです。このお互いに違うように見える運動は「相対的」なものだと定義したのが、「ガリレオの相対性理論」です。

アインシュタインが父親から貰った磁石はこのようなもの？

この考え方に対して「アインシュタインの相対性理論」は、少年時代の磁石がヒントになったと言われています。

アインシュタインは、少年時代ユークリッド幾何学だけでなく、物理学にも興味をもつようになっていました。ですから、ガリレオやニュートン等が導き出した理論についても良く学んでおり、大変尊敬していたと言われています。そして、さらに学んでいくと当時全く新しい学問であった電磁気学が重要であることに気がつきます。

それは、磁石にはどんな力が働いて磁針を必ず北の方向に向けているのか電磁気学の実験で示されたからです。物理学者マイケル・ファラデー（１７９１～１８６７）は、電気には電気力線という電気の力を示す場があり、磁気には磁力線という磁気の力を示す場があると説明しました。

これを目に見える形で示したのが左図の方法です。それは棒磁石の上に紙を載せ、そこに砂鉄をぱらぱらと撒き、棒磁石のＮとＳの間に半曲線状の砂鉄のパターンが出来ることから確認出来ます。

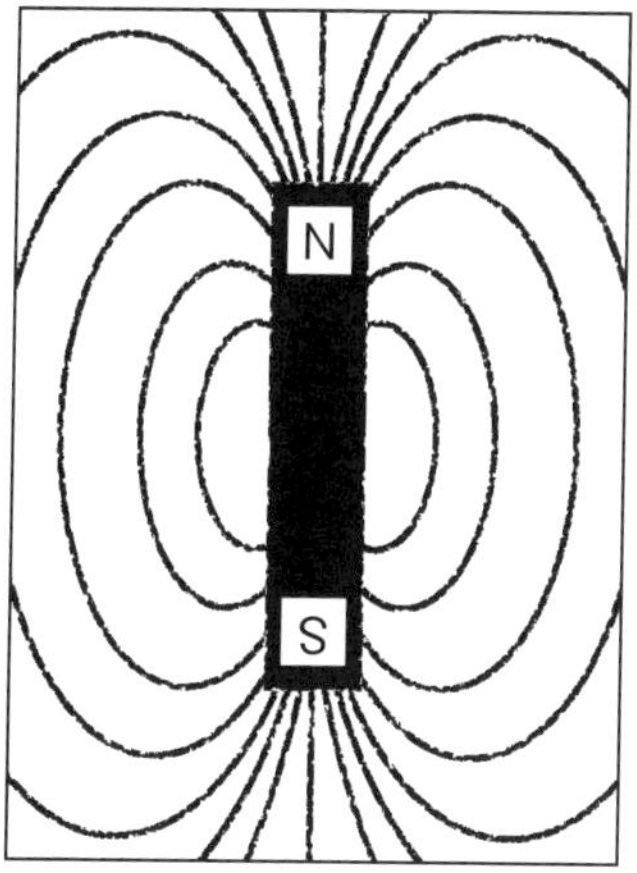

磁石のＮとＳの間には磁力線が存在している

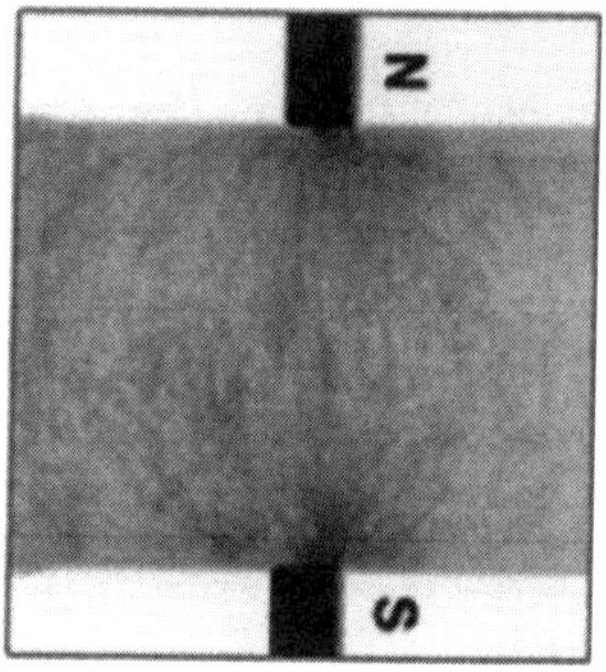

磁石の上に紙をしきその上に砂鉄をまく磁力線が見えてくる

この磁場の力が、アインシュタインが子供の頃からの謎を解いてくれたのです。地球が磁場を持っているため磁石のＮ極が北極の方向を指し示していたわけです。このファラデーの理論が相対性理論を考える一つのヒントになっています。

アインシュタインの相対性理論では、もう一人の物理学者の理論が重要な働きをしています。それはジェームス・クラーク・マクスウェル（１８３１〜１８７９）という物理学者です。

マクスウエルは、スコットランドに生まれ、父は弁護士で恵まれた家庭に育っています。天才には神童型と努力型がありますが、マクスウエルは神童型天才の典型で、なんと14歳の時にすでにエジンバラ王立協会に「卵型曲線の書き方」という論文を提出しています。

彼の研究でもっとも有名なものは「電磁場の

理論」（電磁波が磁場と電場との関係で進行することを提示した理論）です。この理論物理学者が存在していなければ、多分、アインシュタインの相対性理論は生まれていなかっただろうと言われています。

磁石の針について、大人たちはアインシュタインに「地球は大きな磁石になっているので、磁石の針はそれに従って北極の方向に向くものだ」と教えていました。しかし、アインシュタインが持っていた本当の疑問は、「磁石の針と北極は遠く離れているのにどんな力が磁石を動かしているのか」が知りたかったのです。アインシュタインは、この謎を解く鍵をファラデーやマクスウエルの磁場、電場の考え方から学んだのです。そして34歳（１９１４年）になってやっと重力にも「場」という考え方が応用されることを「一般相対性原理」の中で示したのです。

光にはどんな性質があるのか

虹の中で起きている現象

ここではアインシュタインの光電効果を説明するための準備として光の性質を学んでおきます。光は20世紀初頭までは波であると考えられてきました。しかし、アインシュタインの「光電効果理論」によって、光は粒子的な性質をもっていることが分かってきました。これは、少し難しいので次の章で詳しく説明しますが、ここでは光の基本的な性質と、なぜ波として考えられるようになったのかを述べておきます。

中学の理科で光や波の性質を学んだと思います。それを復習する意味で、屈折、反射、プリズム効果、レンズ効果などを考えてみましょう。それらの現象は前に実験の例で紹介した「虹」という一つの現象の中に全て含まれているのです。

虹が7色に見えるのは前に述べたように、白色の太陽光が水滴内で屈折、反射、分散の現象を起すためです。

①屈折
教科書にも載っていますが、コップに水を入れ、そこにストローを入れると上図のようにストローが曲がって見える現象が起こります。これは、光の屈折率が空気と水では違うので、光が水面に斜めに入射されると、光の屈折率の高い水の中では次ページ図のように屈折されるからです。

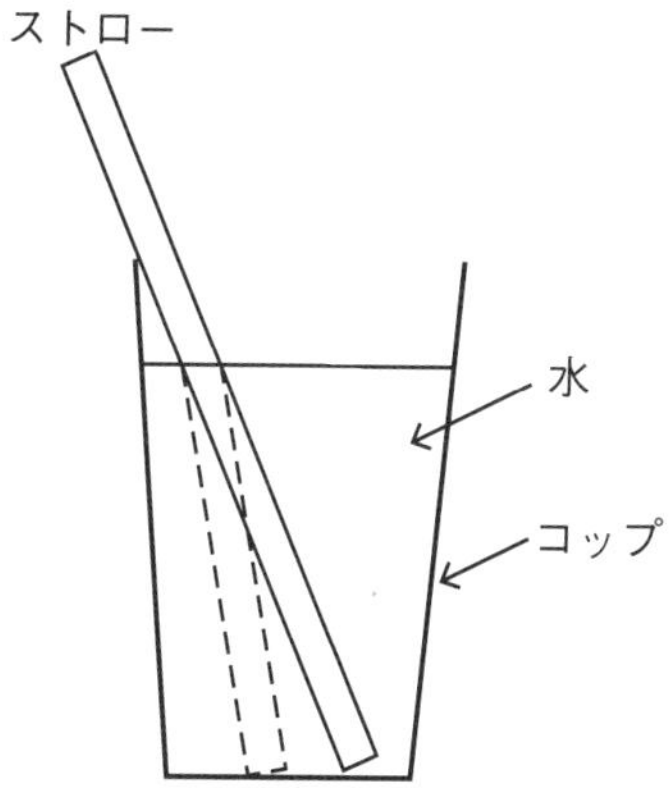

コップの中で起こる光の屈折

②反射
反射という現象は、実は2種類あるのです。一般的によく見られるのは鏡の反射などです。光は金属を通過できず反射されます。そこで、平

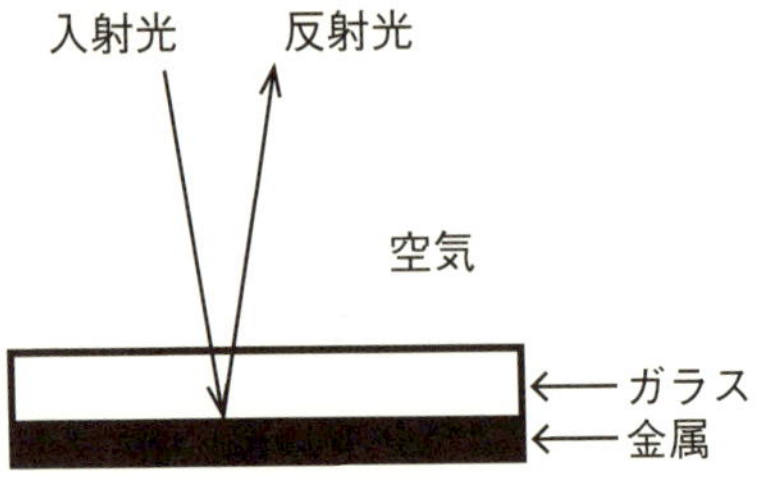

鏡の反射

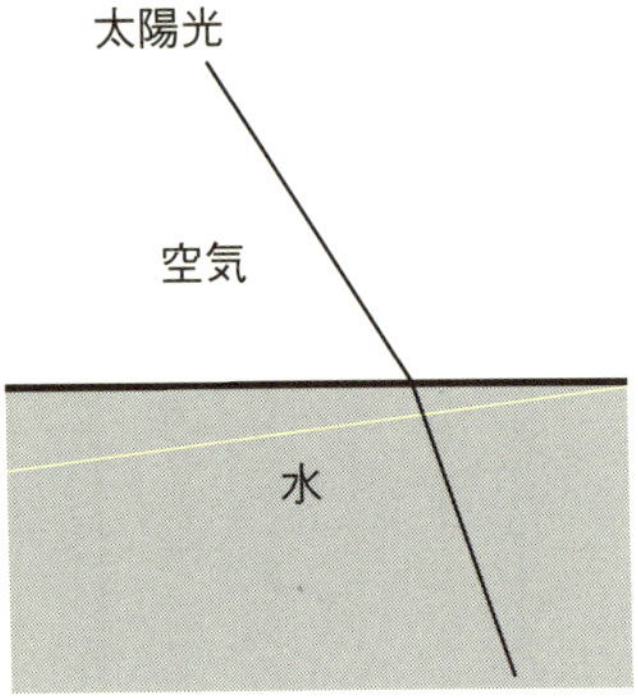

水中で起こる光の屈折

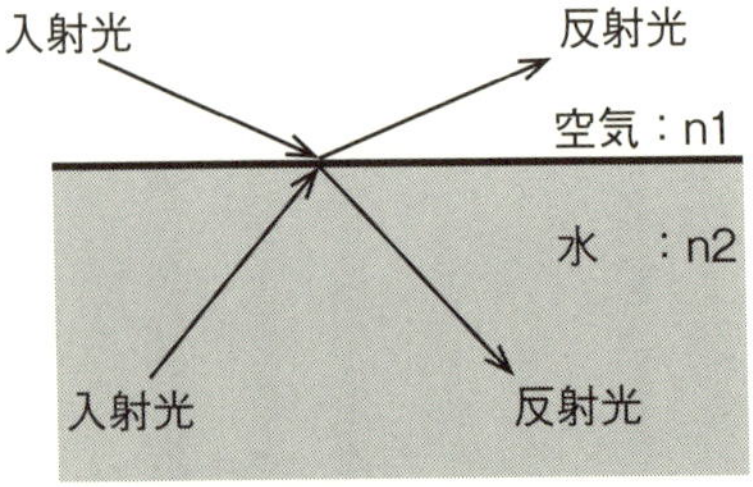

空気と水の間に起こる全反射

坦なガラス板の裏側にアルミなどの金属膜を蒸着すると鏡ができます。すると左上図のように光の殆ど１００％が反射されます。もう一つは、左下図のような全反射という現象です。例えば水面すれすれに光を入射すると光は水の中に入らず水面でほぼ１００％反射されます。これは全反射と言われる現象です。水滴に入射した光は水滴の底に当たりますが、そのときに入射角度によって、水滴と空気の屈折率の差により、光は球体を通り抜けることが出来ずに水滴のある一点で全反射されます。空気の屈折率n1、と水の屈折率n2の関係のようにn2＞n1となっている水から空気の方向へ向かう光は、水中で全反射され易くなるのです。

③ 分散

分散（プリズム効果）は断面が三角

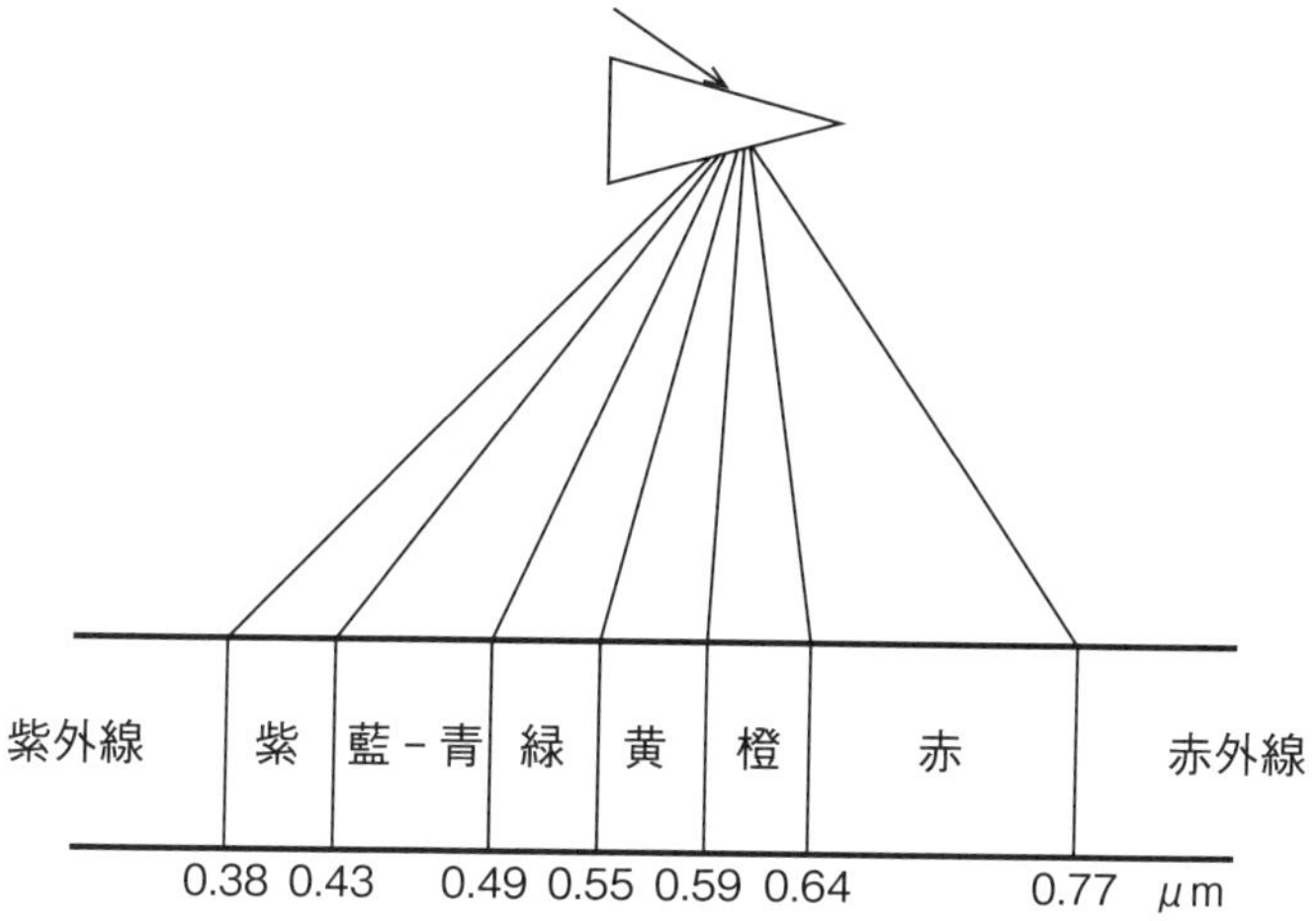

光をプリズムに通すと、７色の光に分かれたスペクトルが現れる

形の形状に作られたガラスで見られるものです。この形のガラスに太陽光などを照射させると、波長の長い赤色は小さく屈折し、波長の短い紫色は大きく屈折します。その中間の橙、黄、緑、青、藍の色もその波長に対応した屈折率で曲がり、プリズムの反対面から放射され７色の光に分解され上図のように、色のスペクトルとして現れるのです。このスペクトルという用語はニュートンが名付けた言葉です。

④レンズ効果

水滴のように小さい球体でレンズ効果はあまり起こりませんが、球体の大きさを大きくすると、レンズ効果が見られます。例えば丸い金魚鉢に水を入れその向こう側に新聞などをおくと文字が大きく見えます。また、夏の暑い日など丸い金魚鉢のそばに紙などをおくと、太陽の光によってレンズの焦点が紙の上に作られること

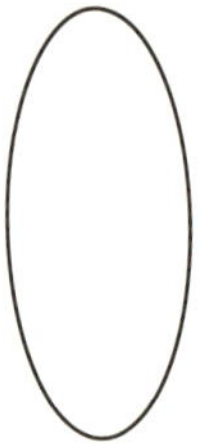

球体レンズのCの部分を切り、AとBを貼り合わせると凸レンズになる

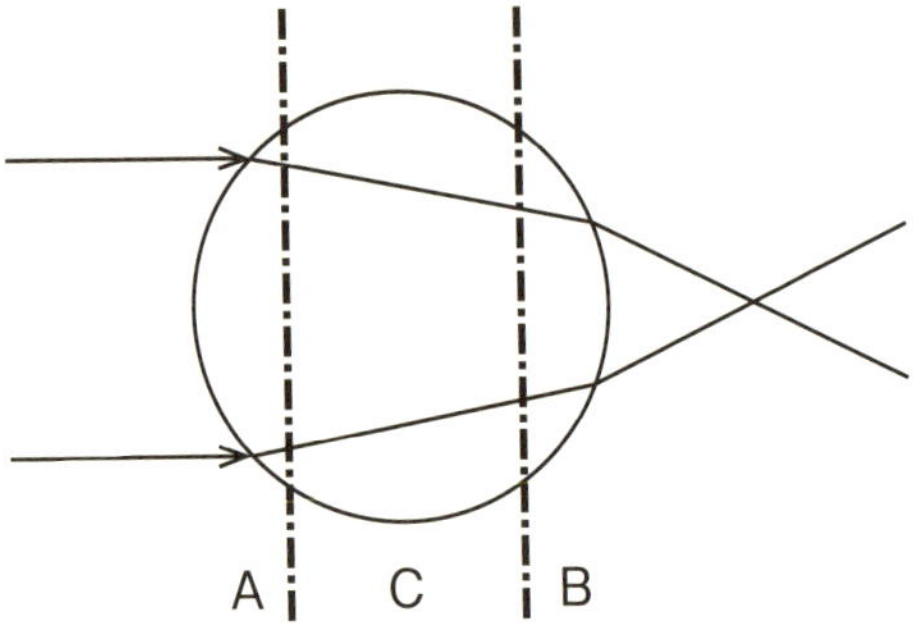

球体レンズ

になり火事の原因になったりすることもあります。これは球体レンズと言われるもので、上右図のように示されます。レンズは光の屈折率が高い、透明な材料が必要になりますので、一般的にはガラスが使われています。この球体レンズのA部とB部を貼り合わせた形のものが私たちが使っている上左図のような凸レンズです。このレンズ面の反対の面を使ったものが凹レンズです。

光の波としての性質

ニュートンは光の研究を行っていましたが、彼は光は粒子であると信じていました。しかし、同時代の物理学者ホイヘンス（１６２９～１６９５）が光が波であるという説を提示し、この説を用いると、光のさまざまな現象が説明できるため、20世紀の初めまでは、光は波動であることが定説となっていました。

光は、音の波や水の波と同じような性質を持ってい

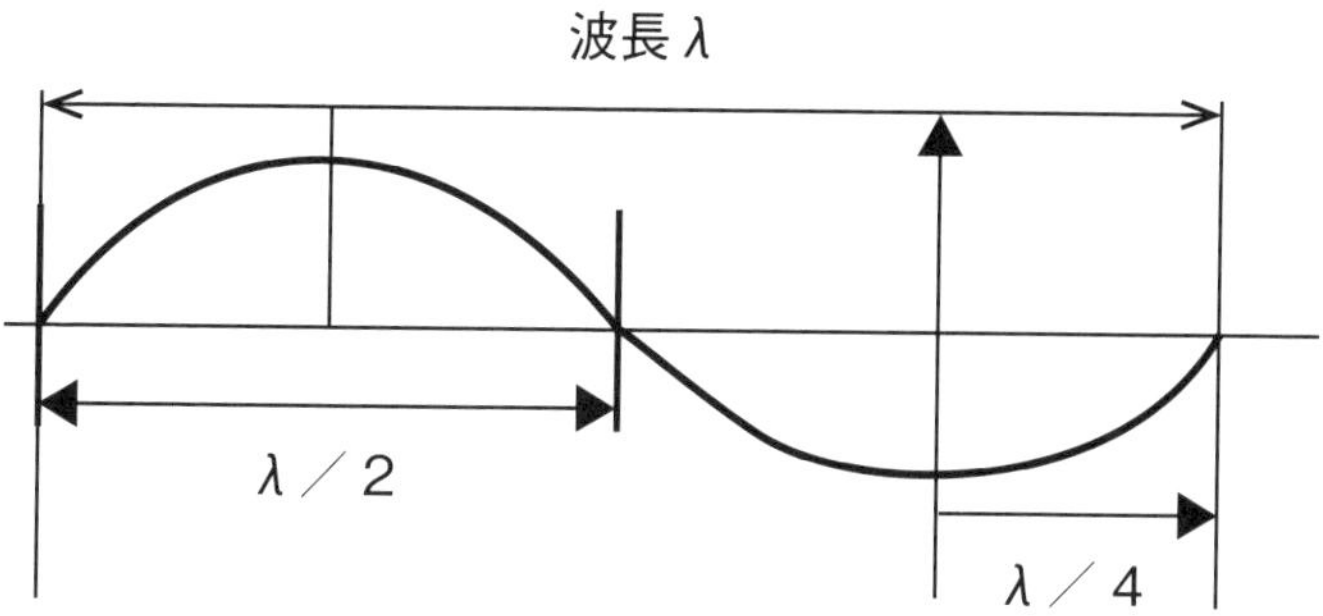

波の形と波長

ます。ですから、水面に見られる波紋と同じように、波の高い部分と低い部分があり、この波の形は上図のように描くことが出来、その波の１つ分の長さが波長「λ」として示されます。

光の場合、この波長の長さは光の速度との関係から、

光の波長＝光が１秒間に進む距離÷その光の振動数

という式で導きだされます。

例えば０・７７μmの赤い光は、次の様に計算します。

$$\lambda = \frac{3\times10^{8}}{3.9\times10^{14}} = 0.77\times10^{-6}\,\mathrm{m} = 0.77\,\mu\mathrm{m}$$

この関係式は、光電効果理論を説明をするところでも使われています。

光に波としての性質があることは、前に述べましたが、これを実験的に分かり易く証明した科学者がおります。その物理学者はトマス・ヤング（１７７３～１８２９）で、次ページのような実験装置を用いて光が波であることを証明しています。

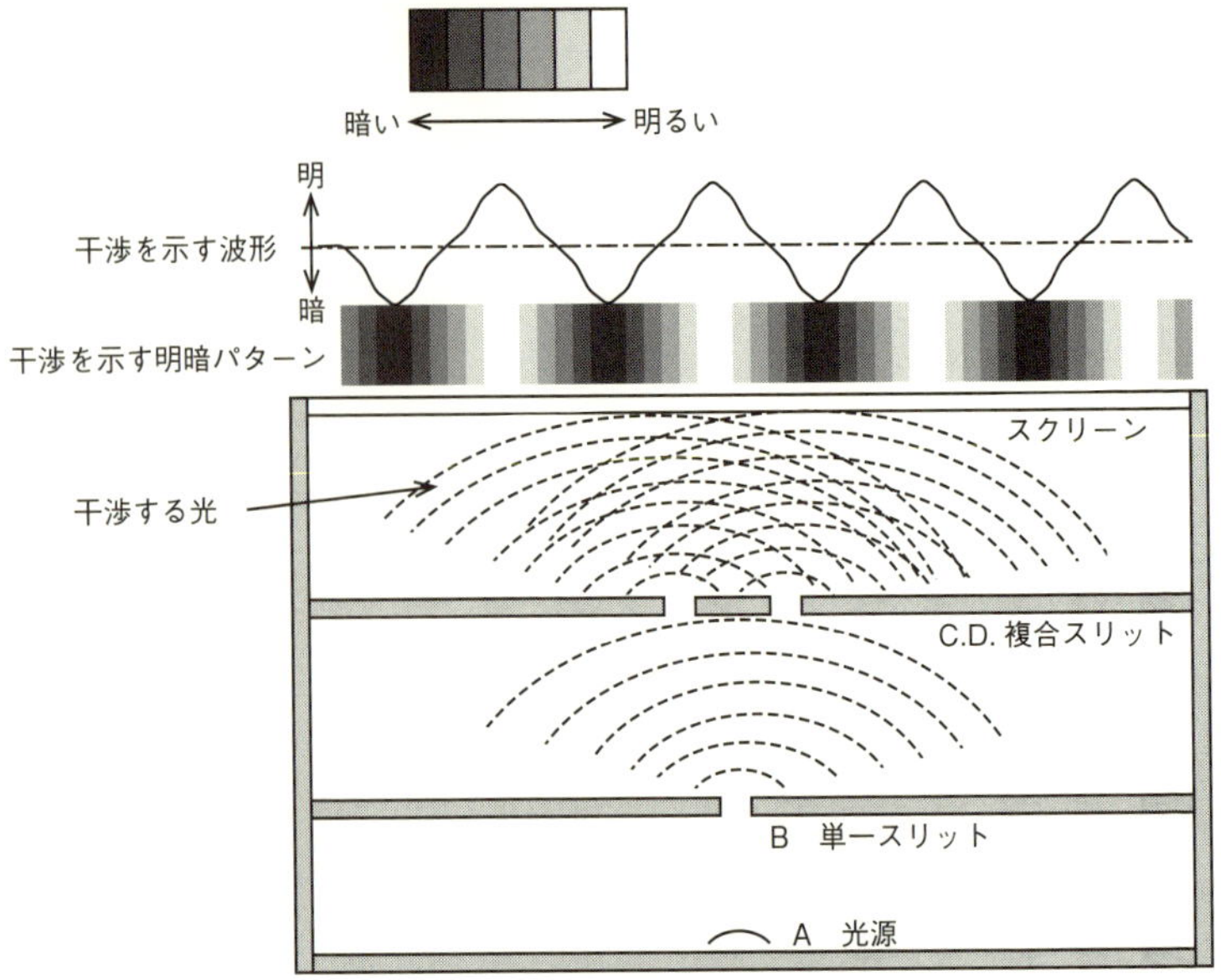

ヤングの波の干渉を実験する装置

この装置は、光源Aから出た光を、単一スリットBで光を集光し、その光を複合スリットC、Dを通過させてスクリーンEに投影するものです。その結果、スクリーン上には光の明暗の縞が現れてきます。これは、光が単一スリットを通過した後、2つのスリットを持った複合スリット部を通過すると、この2つの光が波として重なり合う効果によって明暗パターンが出来るのです。この2つの波が重なりあう現象は「干渉」と呼ばれています。この干渉という現象は波だけにしか起こらないため20世紀初頭までは光は波であると考えられていました。

アイシュタインの「光電効果理論」では、光の粒子的な性質が金属から電子を飛び出されると説明しているため、光が波であるにも関わらず何故、粒子のような性質を持っているのかということが疑問として残されました。このことは、後に、コンプトンの実験や量子論によって、光は波であると同時に粒子としての性質をもったものとして理解されています。

物質は何でできているのか
―原子の存在が実証されるまで―

アインシュタインはブラウンが発見した「ブラウン運動」という水に浮かべた花粉が、不規則に動くという現象が起こるのは水分子の動きが花粉に伝わったためだと考えました。

このことを理解するため分子や原子の性質を少し学んでおきましょう。

物質がアトム（原子）と呼ばれる小さい粒子から構成されているという考えは、紀元前４６０年頃生まれたギリシャの哲学者デモクリトス等によって提唱されていました。

そして時を経て19世紀の初頭、イギリスの化学者ドルトンは、化学反応によって化合物が形成されるのは、各元素が原子という微粒子で構成されているからではないかとの説を出しています。そして１８６０年頃から少しずつ元素の研究が行われるようになり、それが原子論へと

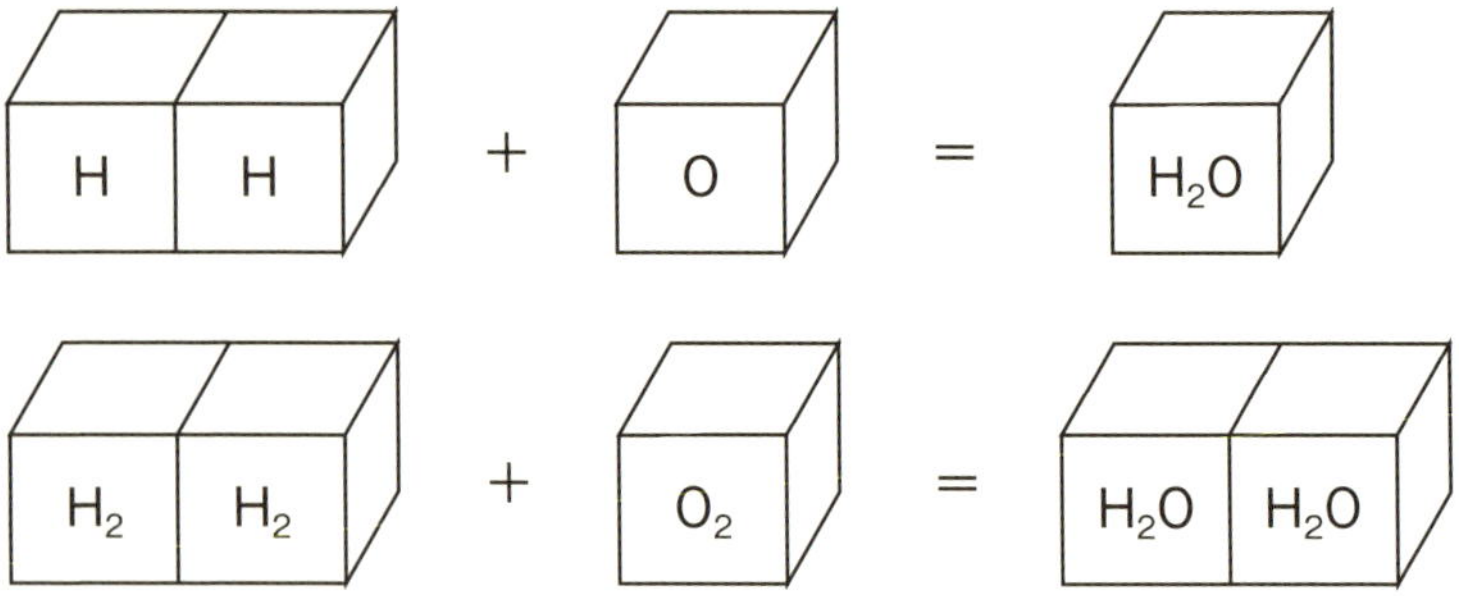

上の図は、水素と酸素の化学反応を考えたもの下の図は、
ゲーリュサックの実験結果と合うようにしたもの。

発展していきました。さらに、化学反応による化合物の生成や、多くの元素が発見されるようになりました。

例えば水素と酸素から水が作られる化学反応は化学式で、$2H+O=H_2O$と示されれます。

これが上図の上側の立方体の図です。1つの立方体が1個の原子を示しています。ところがゲイリュサック（1778〜1850、化学者、物理学者）が、2体積分の水素と1体積分の酸素を結合させる実験を行ってみると2体積分の水が作られることを見出したのです。

これを図的に四角で囲って描いてみると、

[H] [H] + [O] = [H_2O]

ではなく出来上がった水の体積は2倍の、

[H_2O] + [H_2O]

となることが分かったのです。

このことから、1個の立方体が実は2個の原子から作られたものと考えると、上手く説明できることが分かります。

[H−H] [H−H] ＋ [O−O] ＝ [H_2O] ＋ [H_2O]

これを化学式で示すと次のようになります。

$2H_2+O_2=2H_2O$

これを立方体の図として表したものが前ページの下図です。このことから気体は原子が2個結合した形で存在していることがわかったわけです。

この考え方をさらに発展させた、アボガドロ（1776〜1856、物理学者）は、同じ温度、同じ圧力の条件の下ではどんな気体でも必ず同じ体積になると考えました。そして、気体の質量と気体の容量の関係を実験から求めると、

水素2ｇの気体の体積　22・4（リットル）
窒素28ｇの気体の体積　22・4（リットル）
酸素32ｇの気体の体積　22・4（リットル）

となったのです。これらの元素の原子量は、

水素（H）　1
窒素（N）　14
酸素（O）　16

ですから、この実験で気体となる元素は2個の原子で1つの分子を作っていることが証明さ

れたのです。ただし、気体でない元素、例えば炭素（C）やナトリウム（Na）などは1原子で1分子となっています。このため2原子からつくられている気体類は、2原子分子などと呼ばれています。

この1分子は、1モルとも呼ばれています。そして、水の様に水素と酸素で化合物を作った物質は原子が結びついたものですから分子と考えます。

原子の大きさが原子の重さに比例すると考えると気体の水素、酸素の重さの比率は、水素1：酸素16になる筈ですから同じ個数の原子を水素気体、酸素気体から取り出して、水を作ると、水素気体1に対して、酸素気体は$\frac{1}{16}$が必要と考えられます。しかし、水を作るには、水素2体積に対して酸素1体積が必要で、水素2体積に対し酸素$\frac{1}{8}$体積にはなっていません。このことから、同じ体積内には同じ個数の原子が存在するという仮説を提唱したアボガドロの考え方が正しいと理解されるようになりました。

これを水の場合について考えてみます。水分子の1モルは水素2個と酸素1個が結合したものですから、その原子量の合計は、1＋1＋16＝18となります。1gの液体の水は1ccの体積になりますから、1モルの水の体積は18ccになります。そして水を100℃以上にすると水蒸気になり、ほぼ22・4リットルの体積になります。

もし、18ccの体積が1モルの水分子でできていると考えると、水蒸気になった水分子

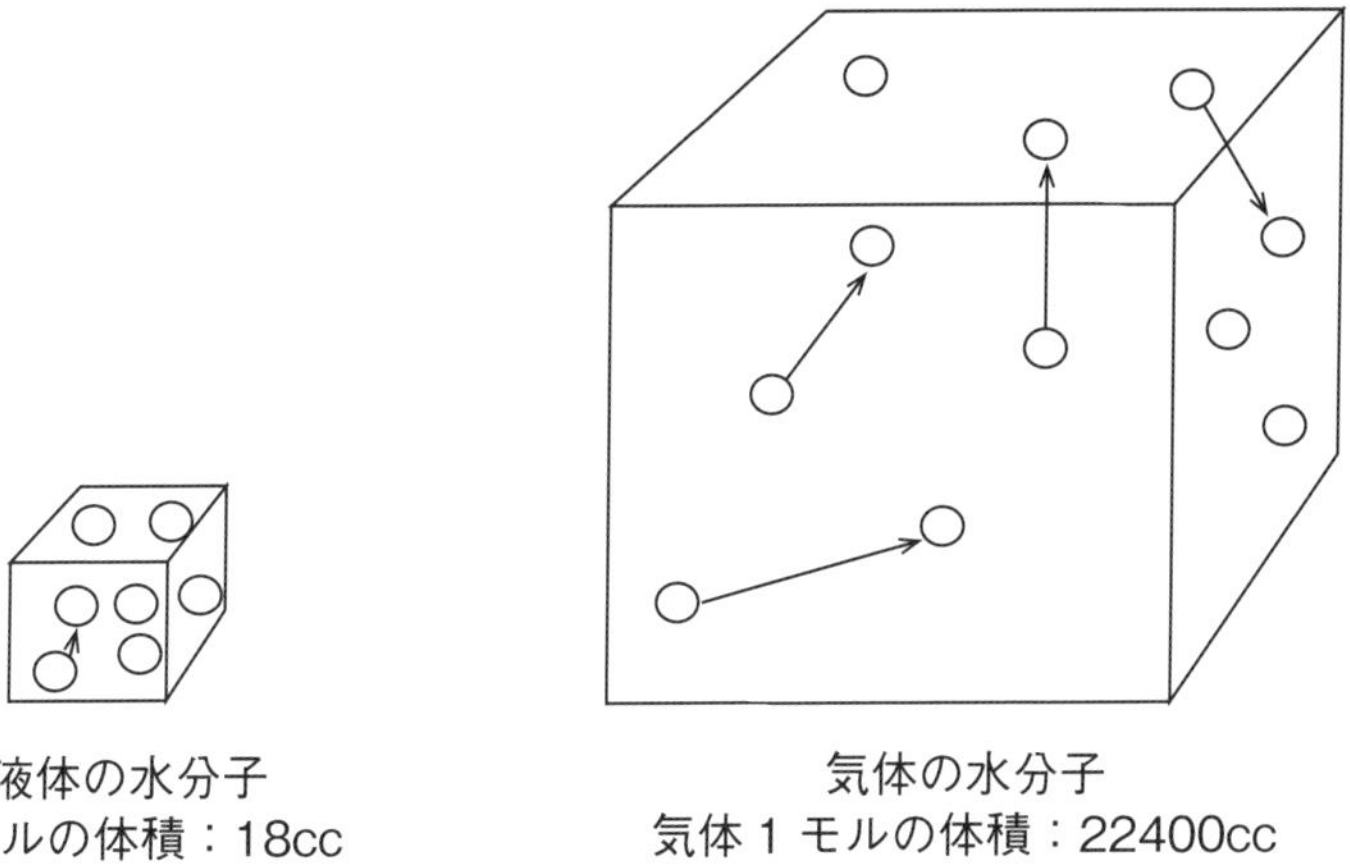

1モル（18cc）の水を水蒸気にした場合の体積

は $\frac{22400}{18}=1244$　つまり１モルの水分子が１２４４倍の体積を占めることになります。これを上図に示しました。

このことから、水１cc（１立方センチ）の中にある水分子は気体になると、バラバラに広がると考えられるようになります。そして、この考え方を応用して、１立方センチ内にどの位の気体分子が存在するかをヨハン・ヨーゼフ・ロシュミット（１８２１〜１８９５）という物理学者が計算しました。その計算方法は難しくなるのでここでは述べませんが、１ccの中に存在する分子の数は、

$2{\cdot}69\times10^{19}$個

という結果になります。これから気体分子１モルの体積が22・４リットルであることを考えると、

	0	I	II	III	IV	V	VI	VII	VIII
1		H							
2	He	Li	Be	B	C	N	O	F	
3	Ne	Na	Mg	Al	Si	P	S	Cl	
4	Ar	K	Ca	Sc	Ti	V	Cr	Mn	Fe Co Ni
5		Cu	Zn	Ga	Ge	As	Se	Br	
6	Kr	Rb	Sr	Y	Zr	Nb	Mo		Ru Rh Pd
7		Ag	Cd	In	Sn	Sb	Te	I	
8	Xe	Cs	Ba	La	Ce	Pr	Nd	Jl	
9		Sm	Eu	Gd	Th	Oy	Ho	Er	
10		Tu	Yh	Lu	Hf	Ta	W	Re	Os Ir Pt
11		Au	Hg	Tl	Pb	Bi	Pa	–	
12	Rn	–	Ra	Ac	Th	Pa	U		

メンデレーエーフが最初に作った周期律表

1モルの中の分子の数$=2.69\times10^{19}\times22400$
$=6.02\times10^{23}$個

となります。

この数値はアボガドロ数（N_A）と呼ばれ物理定数として非常に重要な値になっています。このアボガドロ数は、次章で解説する「ブラウン運動理論」の中でも重要な役割を果たしています。

しかし、アインシュタインがブラウン運動理論を発表した1905年当時は、本当に分子や原子が存在するのかどうか疑う学者も多く、原子の存在を否定する学者が大半だったと言われています。

ただ、粒子の存在についてはこの頃から少しずつ理解されるようになっていったのです。

そのきかっけになったのは、ロシアの化学者メンデレーエフ（１８３４〜１９０７）が発表した元素の周期律表（右図）です。それは、その当時まで発見されていた89種類の元素を重さの軽い順から並べ８番目から周期的に折り返す形になっています。これは、現在ロシアの中央検定所の壁に刻み込まれているものです。

　このメンデレーエフの元素周期律表は、原子の構造や化学反応の仕組みを理解するのに非常に役にたつようになりました。例えば、０族は全く化学反応をしない元素類で、He、Ne、Ar、Kr、Xeなどの希土ガス元素、Ⅰ族は結合手を１つだけ持つもの、Ⅱ族は結合手を２つ、同様にⅢ族は３本、Ⅳ族は４本、Ⅴ族は５本、Ⅵ族は６本、Ⅶ族は７本、Ⅷ族は８本の手を持つことを示すものと考えました。しかし、実際の化学反応では、例えばⅠ族のNa（ナトリウム）は結合する手は１本ですが、Ⅶ族Cl（塩素）では結合手は７本ではなく１本になります。上図を見ていただくとわかると思いますが、塩素原子の一番外側にある７個の電子がNa側の電子軌道に入るよりも、Naの一番外側にある１個の電子だけが、塩素側に移る方が簡単だからです。その結果NaClが作られています。

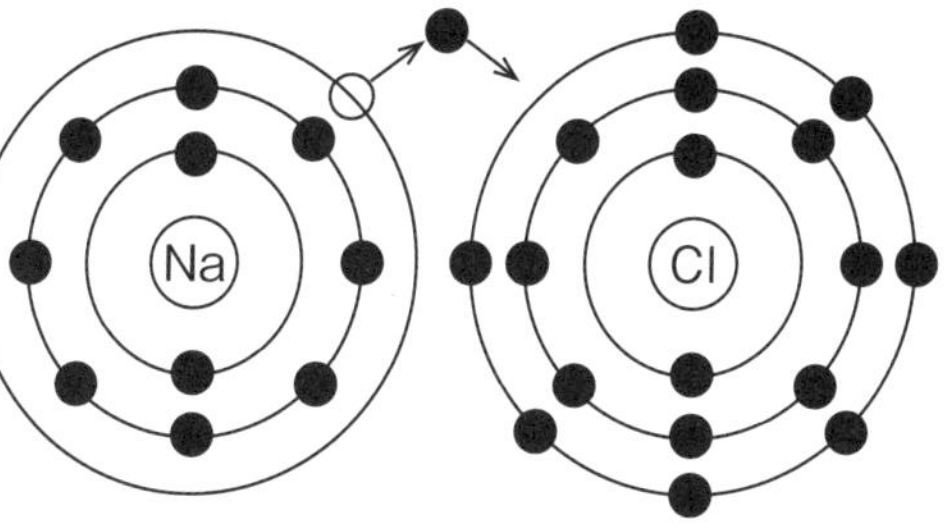

Naの電子がClに移動してNa＋イオンと、Cl－イオンにとなりイオン結合をする

この考え方によると結合手は
Ⅰ族元素：結合手１本
Ⅱ族元素：結合手２本
Ⅲ族元素：結合手３本
Ⅳ族元素：結合手４本
Ⅴ族元素：結合手は、８－５＝３本で３本
Ⅵ族元素：結合手は、８―６＝２で、２本
Ⅶ族元素：結合手は、８―７＝１で、１本
Ⅷ族元素：鉄、コバルト、ニッケルなどは結合手が２本、３本など複数ある
０族元素：結合手は、８―８＝０で、結合手は０本で他の元素と結合しない
と考え、実際の化合物を作る時の元素同士の結合する手の数と一致し、これが後の原子構造の考え方に受け継がれます。

その後ラザフォード（１８７１～１９３７、物理学者）とボーア（１８８５～１９６２、物理学者）の研究によって、原子は原子核と電子によって構成されることが解明されるとさらにこの周期律表が大きな意味をもつことが分かってきます。それは、原子番号が原子の構造を決定する重要な意味をもっていたということです。ボーア等が解き明かした原子の構造は、太陽を中心に惑星が回っているものと類似しており、中央にプラスの電気を帯びた原子核があり、

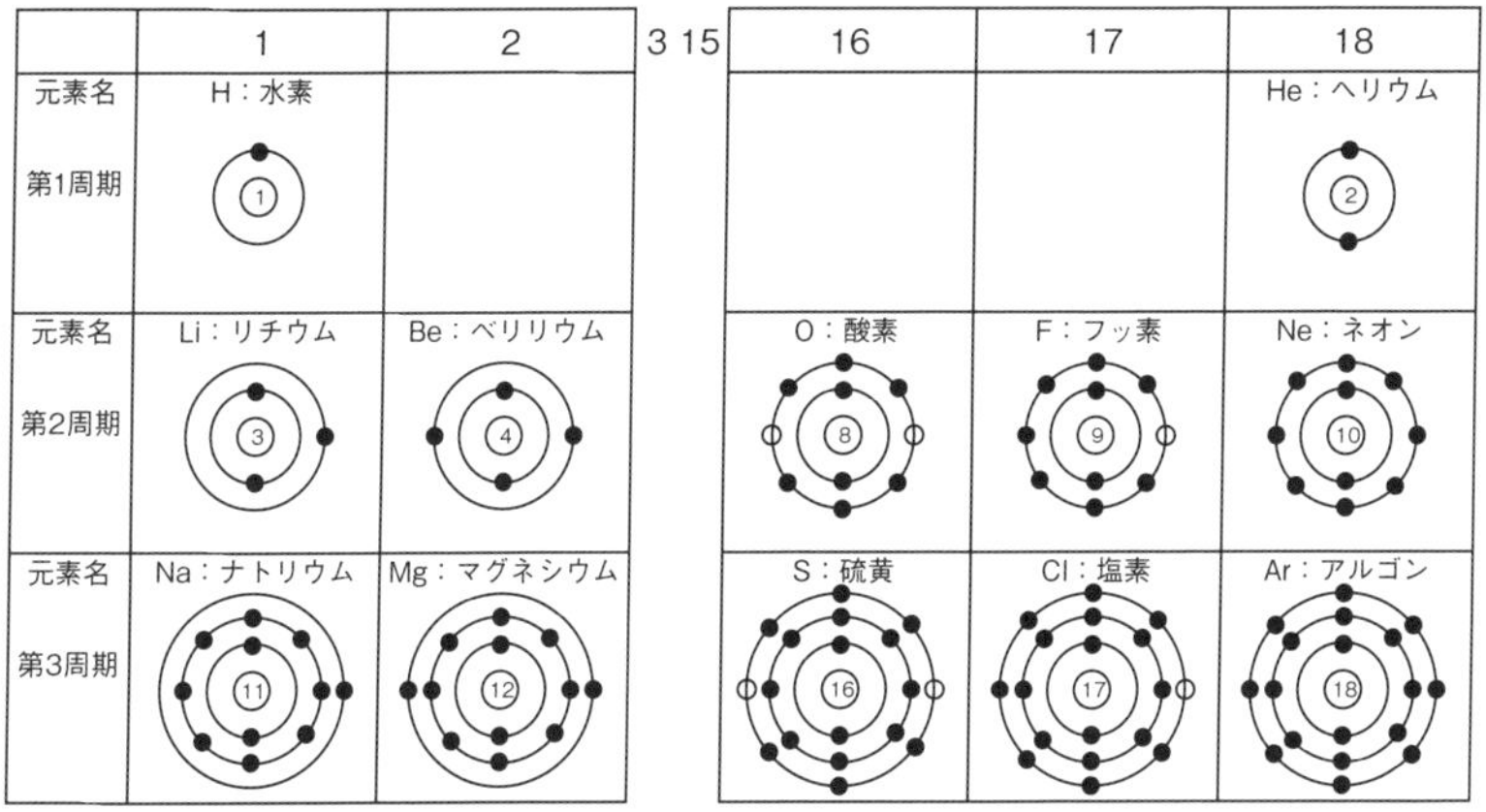

	1	2	3 15	16	17	18
元素名 第1周期	H：水素 ①					He：ヘリウム ②
元素名 第2周期	Li：リチウム ③	Be：ベリリウム ④		O：酸素 ⑧	F：フッ素 ⑨	Ne：ネオン ⑩
元素名 第3周期	Na：ナトリウム ⑪	Mg：マグネシウム ⑫		S：硫黄 ⑯	Cl：塩素 ⑰	Ar：アルゴン ⑱

中学で習う周期律表をもとに各原子内の電子配列構造を示したもの中央の数字は原子番号、黒丸は電子。

その周囲を電子が回っているというものです。そして、原子番号はその原子の電子の数を示すものでした。このようにして示される原子構造を周期律表と同様な表示方法で示したものが上の「中学で習う周期律表を電子配列で示した図」です。この原子の構造図によると、いろいろなことが分かってきます。

例えば18族に分類された元素表の縦の列に並ぶ元素は化学的にほぼ同じ性質を示すのです。

1族元素：H　水素だけ別に考える

1族元素：Li、Na、K、Rb、Cs、Fr：アルカリ金属

2族元素：Be、Mg、Ca、Sr、Ba、Ra：アルカリ土類金属

3族元素：希土類、ランタノイド族、アクチノイド族が含まれる

4〜12族元素：dブロック元素に分類される。

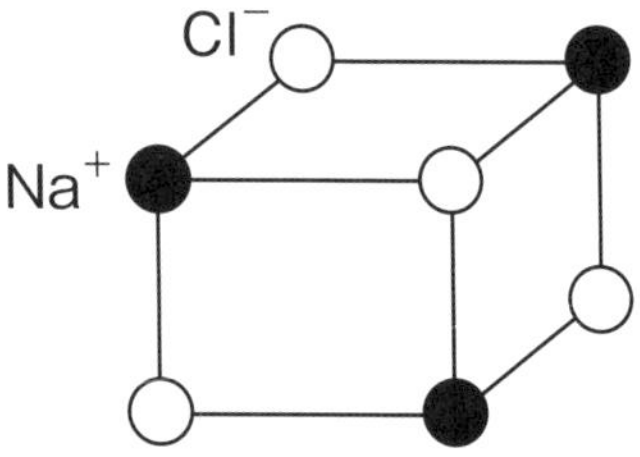

NaClの結晶

dは原子の電子配列のd軌道に入る電子で、これによる特異性がある

13族元素：B、Al、Ga、In、Tl：ホウ素族
14族元素：C、Si、Ge、Sn、Pb：炭素族
15属元素：N、P、As、Sb、Bi：窒素族、又はニクトゲン元素
16族元素：O、S、Se、Te、Po：酸素族、又はカルコゲン元素
17族元素：F、Cl、Br、I、：ハロゲン元素族
18族元素：He、Ne、Ar、Kr、Xe、Rn：貴ガス族

貴ガス元素の一番外側を回る電子の数は8個になっており、この状態になると原子が安定状態になり他の元素と化学反応を起こさないことが説明できます。ほとんどの元素の性質は一番外側の電子軌道にある電子が化学反応に関係することも分かっています。

次はイオンの問題です。私たちが日常的に食卓などで見ている塩は化学式で書くとNaClとして表され、NaClは水に溶かすとNaイオンとClイオンに分かれます。

これを化学式で示すと

$NaCl \rightarrow Na^+ + CL^-$

となります。これは原子構造から分かるようにNa原子は一番外側の軌道にある1個の電子が離れて＋の電気を帯びるようになり、Cl原子は、一番外側の電子が7個であるため、Naから離

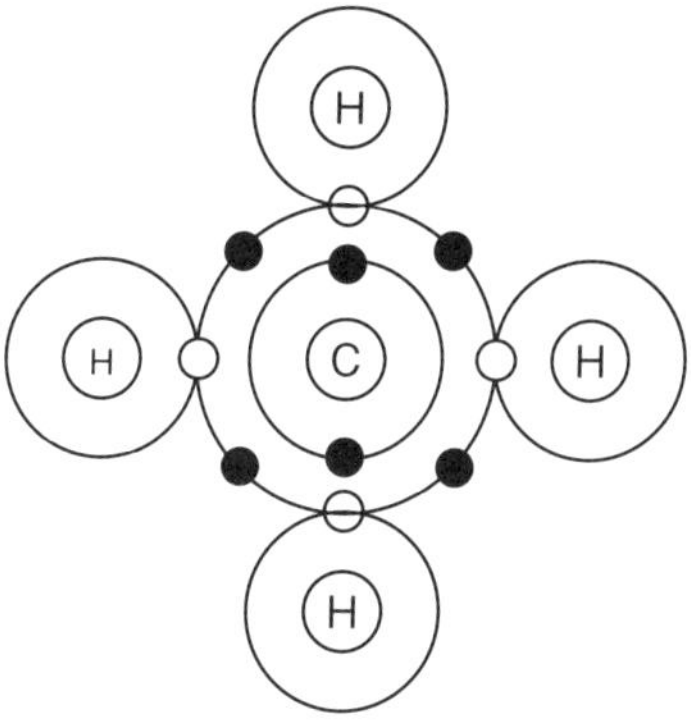

メタンCH、CとHが同じ電子を共有している

れた電子を取り入れて8個の軌道を作り、マイナスの電気を帯びるようになります。このNaのようなプラスの電気を帯びたものを陽イオン物質と呼び、Clのようにマイナス電気を帯びたものを陰イオン物質と呼んでいます。このようなイオン性物質が溶解した水溶液は電気を通すことができます。

また、炭素と水素が結合した有機化合物は上図に示したように、白い色の電子を、炭素Cと水素Hで共有していることが分かります。このような結合状態を共有結合と呼んでいます。

この項では、アトムの仮説から原子が現実に存在する粒子であることを実証してきた過程を述べました。そして、原子が確かに存在することが理解されるようになったのは、１９１０年に行われたラザフォード、ボーア等による原子構造の研究です。

ただ、そのずっと前の１９０５年7月に提出されたアインシュタインの学位論文「分子の大きさの新しい決定法」を使えば、原子、分子の大きさを実験値から計算できたことを知っている人は案外少ないかも知れません。

世界一美しいガリレオの実験

次に「相対性理論」を理解するための準備として、速度やエネルギーについて考えてみましょう。速度、運動エネルギーの関係を最初に考えたのは、ガリレオ・ガリレイ（1564～1642、物理学者）でした。

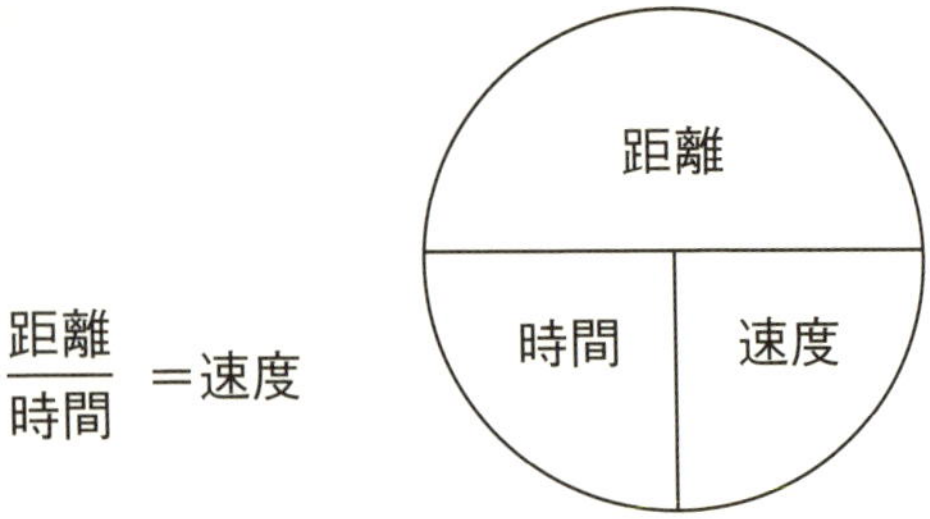

速度、距離、時間の関係の覚え方

彼の実験は非常に簡単な道具で行われましたが、これらを用いて物理学の基本となる運動エネルギーと位置のエネルギーの関係の完全な理論を作り上げたのです。このガリレオの実験は世界で最も美しい実験の一つと言われています。

中学の理科の授業で速さ（速度）というものを習ったと思いますが、この速度を表す式はちょっと覚えづらい公式の一つとされています。そのため、これを上図の様に円の中にその関係を書き入れるように工夫して教えられることがあります。これでも良いのですが、ちょっと不十分な所があるのです。それは、距離、時間、速度をどの場所に書くのかを忘れた場合です。

私たちは日常的に新幹線の速度が時速250㎞などと使っているので、それが1時間に250キロメートル進むことを示すのは知っているはずです。

つまり「２５０km／1時間」が速度です。このことから「距離／時間＝速度」と覚えても「速度＝距離／時間」と覚えても良いのですから、このことを覚えて置くと図に書いた場合も間違えることもなく、慣れてくると速度の式がそのまま使えるようになるのです。この速度の関係は4章で相対性理論の問題を考えるときにも役立ちます。

ガリレオの行った実験では、距離と時間の関係から得られる速度が最も重要なものでした。ですから、時間が正確に測れていないと、実験の意味が全くなくなってしまいます。しかし当時は時計やストップウォッチのようなものはありませんでした。そのためガリレオが実際に実験を行ったのかどうか疑問をもつ学者も多く、一部にはガリレオは、「思考実験」を行って理論を作り上げたのではないかと言われた時期もありました。

近年になってガリレオの実験ノートが発見され、実際に実験が行われたことが証明されています。それでは、いったいどのようにして時間を計っていたのでしょう。彼は一定の流量で流れる水を溜める装置を準備し、そこに溜まった水の重さを測ることで時間の長さを測定していたのです。

ガリレオの実験の美しさは、非常に簡単な装置を用いて合理的に推論していることです。最初ガリレオは物体の落下する現象に興味を持っていて、ある特定の高さから落とした物体の運動エネルギーを測定しようと考えていたようです。

そのため、転がす玉が飛び出さないようなへりのついた長さLの「すべり台」を準備し、最初この板を立ててこの高さから鉄球を落下させ、速度を測定しました。次にこの「すべり台」を傾斜させて転がした鉄球の速度を測定しています。最後に「すべり台」を水平にして鉄球に力を加えて転がしてみました。

中学で習う理科では運動の状態は、まず最初に水平の状態から考えていきますので、ここでも、水平の板を転がるボールが持つ運動エネルギーを考えてみましょう。

長さLの「すべり台」を水平にし、ボールを転がします。するとボールはしばらく転がった後止まりますが、それはボールと「すべり台」の間に摩擦があるためです。この時、ボールに与えられたエネルギーは

$$ボールの運動エネルギー=\frac{1}{2}\timesボール質量\times(ボールの速度)^2$$

$$E=\frac{1}{2}\times mv^2$$

となります。この時ボールの速度は一定になります。これが上図に示したものです。

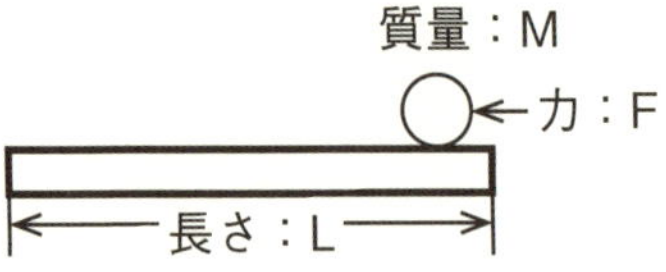

平面での運動

次に左図のように「すべり台」の端を高さh_2に持ち上げ、ある角度でボールを転がすことを考えます。その位置でボールから手を放します。するとボールは下に向かって転がりますが、ボールの速度はどんどん速

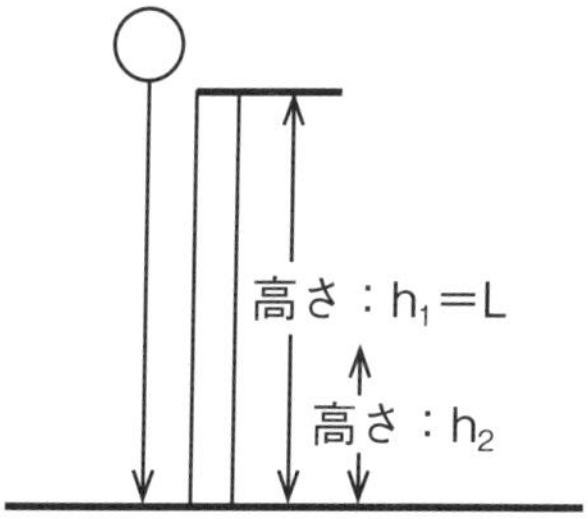

垂直面の落下運動

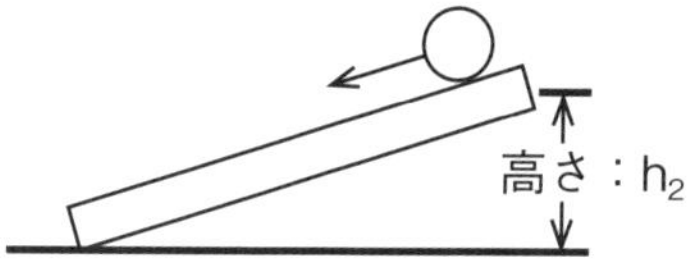

傾斜面での運動

くなります。これは、ボールが地球の重力に引かれて動く、加速度と呼ばれる力が働くため速度はどんどん速くなって速度を測ることが出来ません。そこで、平均速度を考えます。

平均速度＝長さL／ボールが距離Lの間を動く時間

を計算し、

斜面を転がるボールの運動エネルギー＝１／２×ボール質量×（ボールの平均速度）^{2}

$E_K = 1/2 \times m(\bar{v})^2$

と計算するのです。この斜面を転がるボールの運動エネルギーを計算する式は同じですが、vが違っています。このvの上に横棒を引いたものは平均の意味を表す時に使う数学的な記号です。

中学では位置エネルギーについても教わったはずです。この関係を高さh_2のボールが持つエネルギーとすると

高さh_2のボールの位置エネルギー＝質量×重力加速度×高さ（h_2）

$E_P = mgh_2$となります。

そして、最後は、「すべり台」を垂直に立てた場合（上図）です。

この場合は高さh_1から落下させたものと同じですが、h_1＝Lですから、「すべり台」を水平においた場合、傾斜した場合などと比較できます。この場合は、
ボールの位置エネルギー＝質量×重力加速度×高さ（h_1）

$$E_P = mgh_1 = mgL$$

ここで用いた式では、運動エネルギー：E_K、位置エネルギー：E_Pで示してあります。

エネルギーの関係としてもう一つ重要な式があります。それは「全体のエネルギー＝運動エネルギー＋位置エネルギー」となることです。

ボールが高さh_1のところに置かれている場合は、位置エネルギーだけで運動エネルギーは0です。次にボールがh_1からh_2まで落下し、これが運動エネルギーになると考えると「全体のエネルギー＝h_1からh_2までの運動エネルギー＋h_2の位置エネルギー」となります。

そして地上（0）での全エネルギーは「全体のエネルギー＝h_1から0までの運動エネルギー＋0」となります。これはh_1の位置エネルギー＝h_1から0までの運動エネルギー

$$mgh_1 = \frac{1}{2} \times m \times (\text{落下平均速度})^2$$

と考えることが出来ます。この関係を図に示すと左図のようになります。

次は相対性理論のテーマである光の速度の問題です。

光の速度を最初に測定したのは、ガリレオでした。ガリレオの方法は、夜間に2人の人物が

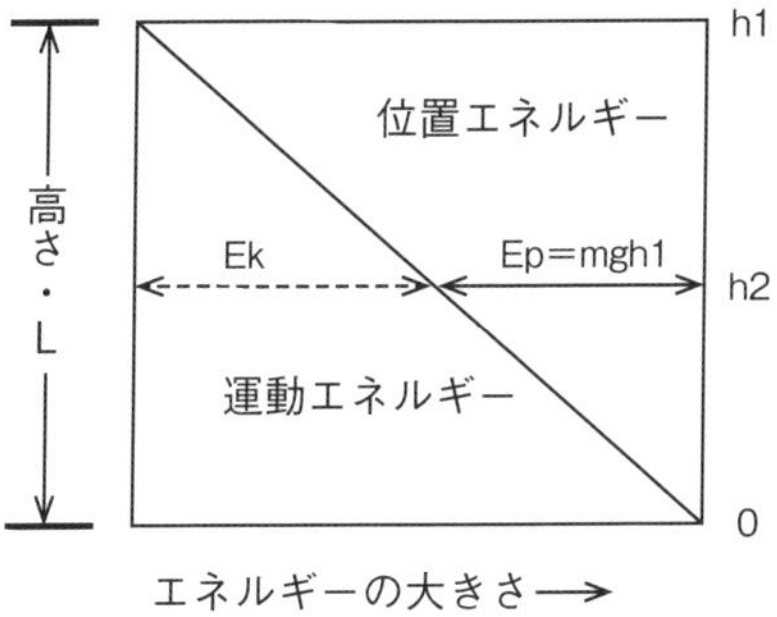

高さ	位置エネルギー	運動エネルギー
h1	Ep＝mgh1	0
h2	Ep＝mgh2	h1 から h2 までの運動エネルギー
0	0	h1 の位置エネルギーを運動エネルギー

位置エネルギーと運動エネルギーの関係

1キロほど離れた丘の上に立ち、一方の人がランプを上げすぐにマントでかくします。これを1キロ離れた丘にいる人がランプの灯を確認すると、同じようにランプで合図をするという方法で行われました。

ガリレオのこの測定から得られた結果は……「光の速度は無限大である」というものでした。光は1秒間で地球を7回り半する程の速さですから、ガリレオの方法で測定できなかったのは無理もないことなのです。

その後、1887年にアルバート・マイケルソンとエドワード・モーリーによって非常に精度の高い光速度の測定方装置が作られました。この装置は光の走行距離を長くするため多くの鏡を使い反射を繰りかえす複雑な構造になっています。その結果、光の速度は約30万km／秒であると測定されました。

彼らはこの測定結果を応用して光がなにを媒体として伝搬しているのかを解明しようとしましたが、その詳細は次章で述べることにします。現在、私たちが日常的に使っているラジオやテレビの電波も実は光と同じ性質のものであることが分かってきました。

私たちがテレビ、ラジオ、携帯で使う電波の速度は「電磁波の速度＝電波の周波数×電波の波長」ですが、光も同じで「光の速度＝光の振動数×波長」となります。

「光の速度：30万km／秒」「振動数：1秒間に振動する波の数」「波長：各電波の1つの波の山の長さ」の関係がありますから、電波（電磁波）の周波数（振動数）が分かればその電波（電磁波）の波長が分かります。

現在、一般に使用されている電波（電磁波）の周波数（振動数）、波長、とそれらの用途などを左図に紹介します。

電磁波（電波）の波長による分類

電磁波の種類	波長	周波数(Hz) または振動数	用途
長波	10Km～1Km	30K～300K	ラジオ
中波	1Km～100m	300K～3M	ラジオ、無線
短波	100m～10m	3M～30M	短波ラジオ
超短波	10m～1m	30M～300M	FM、テレビ
極超短波	1m～100mm	300M～3G	携帯電話
マイクロ波	100mm～10mm	3G～30G	衛星通信
ミリ波	10mm～100 μm	30G～3T	レーダー
赤外線	100 μm～770nm	3T～390T	加熱レンジ
赤色	770nm～640nm	390T～469T	可視光
橙色	640nm～590nm	469T～508T	可視光
黄色	590nm～550nm	508T～545T	可視光
緑色	550nm～490nm	545T～612T	可視光
青色・藍色	490nm～430nm	612T～698T	可視光
紫色	430nm～380nm	698T～789T	可視光
紫外線	380nm～10nm	789T～30P	光反応
X線	10nm～100Pm	30P～3E	レントゲン
γ線	100Pm～	3E～	ガンマ線

第4章　実験で説明する3大理論

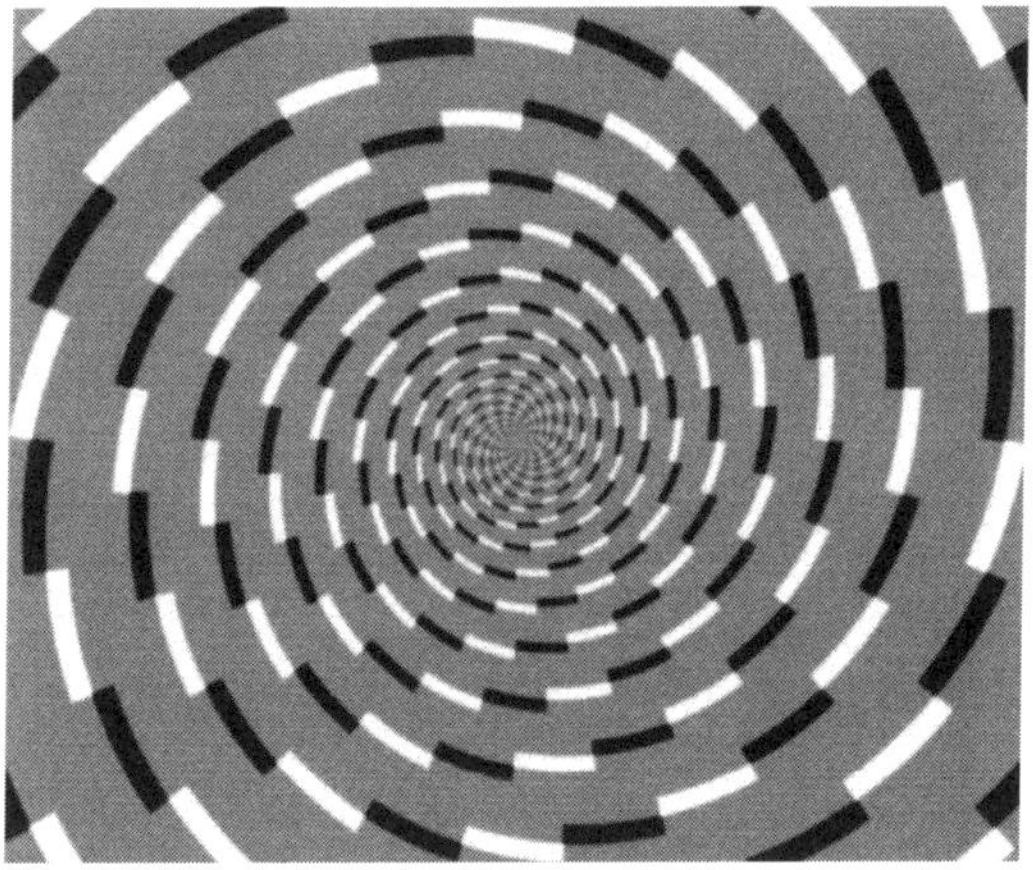

渦巻いている宇宙

上の絵は渦の錯覚。どれか一つの円を辿ってみると同心円であることが分かる。アインシュタイン理論は分かり難いが、実験的な検証結果をたどってみると案外理解できるのではないか。

アインシュタインの3大理論

アインシュタインの3大理論とは、20世紀の初め、物理学者の間で難問とされていた不思議な現象「光電効果」「ブラウン運動」「相対性理論」の3つについての論文です。この疑問を26歳の無名の一公務員が全て解決してしまったのです。

ただ、アインシュタインの論文は、理論物理学の手法で解き明かしたもので数式で溢れています。ですから、そこが一般の人には非常に難解な部分なのです。

その後、「光電効果」についてはアメリカの物理学者ミリカンが、「ブラウン運動」についてはフランスの物理学者ペランが、「相対性理論」ついてはイギリスの天文学者エディントンなどが実験を行ってアインシュタインの理論が正しいことを確認しています。そこで、ここでは、それらの実験を紹介することでアインシュタインの理論を理解出来るようにしてみました。

できるだけ中学生程度の数学と理科で説明できるものを選んだつもりです。しかし、アインシュタインの理論を説明する上ではどうしても、難しい数式が必要な箇所が出てきてしまい、これらは中学で習う範囲を越えたものもあります。ですから、数学が面倒な人は、式を考えなくても良いと思います。肝心なのは、解析することではなく、全体像を理解することです。図面やグラフから理解できるものが見つけられれば、それでも十分です。

アインシュタインの理論から得られた結論を基に実験を行った科学者たちの測定データを図表で説明することで、その難しい理論を理解してもらうことがこの本の目的です。さらに、それぞれの理論から作りだされた私たちの身の回りで実際に使われている製品を紹介します。ふだん接しているものにアインシュタインの理論が用いられていることを知れば、より彼の理論が身近に感じられるはずです。

光電効果とは

光電効果は、１９０２年にドイツの物理学者フィリップ・レーナルト（１８６２～１９４７）が行った実験で観測されたものです。それはある種の金属に光を当てると、その金属から電子が飛び出してくるという現象です。その不思議だと思われる点は、

①赤い光を当てると電子が飛び出してこないが、紫色の光だと電子が出てくる。
②金属の種類によって飛び出してくる光の波長が異なる。
③飛び出してくる電子のエネルギーは光の強さではなく、光の色に関係する。
④光の強さをいくら強くしても赤い光では電子は飛び出してこない。

ということです。

これは非常に不思議な現象として当時誰も解明できずにいました。この状態を上図に示します。

アインシュタインの説明と予言

アインシュタインはこの現象を次のような簡単な式で表されることを示しました。

$$E = h\nu - W$$

E：光照射によって飛び出してくる電子のエネルギー
h：プランク定数
ν：照射する光の振動数
W：金属の仕事関数（金属の種類によって異なる）

前述にあるプランク定数hは、広辞苑では、「量子力学に現れる基礎定数の一つ。20世紀初頭、物理学者プランクが導入。その大きさは $h = 6.62607 \times 10^{-34}$ ジュール秒」と説明されていますが、ここでは単に、h＝プランクの求めた「定数」とだけ理解しておいて下さい。

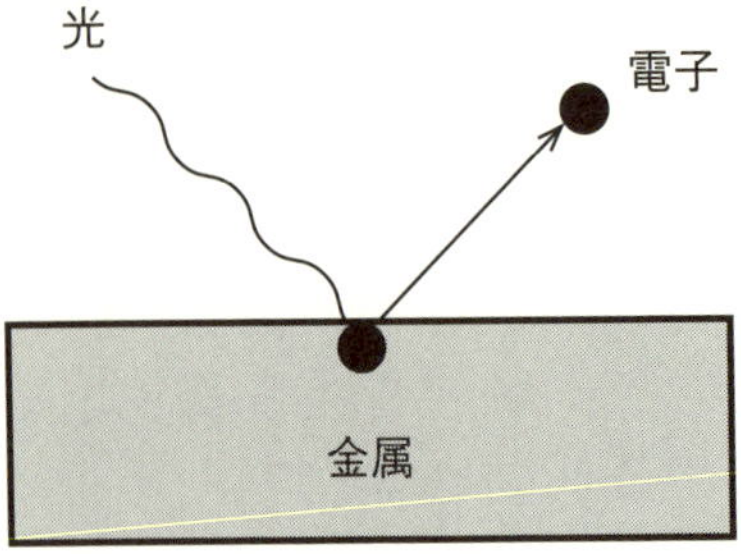

レーナルトの実験、金属に光を照射すると電子が飛び出してくる現象を確認した

アインシュタインは、光のエネルギー＝プランク定数×光の振動数（hν）であると示しています。ただ、金属の種類によってその金属特有のエネルギー（W）を越えるエネルギーが必要になり、そのエネルギー以上の振動数（ν）を持った光を照射しないと電子は飛び出してこないのだと説明しています。

これを筆者が考えた図で説明してみます。光電効果を模式的に示すと、金属内の電子と光の関係は上図に示したようにビリヤード台の中の二つの球のようになっているのです。ここで光は白い球、電子は黒い球で表し、このビリヤード台のクッション部の〝へり〟の高さはWで表されています。この〝へり〟の高さWは金属の種類によって違ってきます。この状態で白い球を強く黒い球に当てると、黒い球はクッション部の高さWを飛び越えて外に出てきます。アインシュタインはこれと同じことが光電効果の現象で起こっていると説明しました。

この時の光のエネルギーはhνですが、このhνは光が1個の粒子として存在するものと考え「光子」と呼んでいます。

アインシュタインの説明を模式的に示したもの
光：白い玉、電子：黒い玉、枠の高さ：W
光（白い玉）が高いエネルギー（光の振動数が高いもの）を持つものだけが、ぶつけられた電子（黒い玉）をビリヤード台のクッション部の高さWを飛び越えて外に飛び出させる

アインシュタインの予言ー1

これは予言というより自身の理論式をレーナルトという物理学者が行った実験結果に当てはめて検証を行ったものです。そのことをアインシュタインは光電効果の論文の中で次のように述べています。

「$\nu = 1.03 \times 10^{15}$（紫外線に相当する）の光を照射すると、電子のエネルギーは4・3ボルトになるが、これはレーナルト氏によって得られている結果とほぼ同じオーダーで一致する」

アインシュタインの予言ー1の検証については後で述べます。

光電効果を実験的に証明した人々

①ミリカンの実験による証明

アメリカの物理学者ロバート・ミリカン（1868〜1953）は1916年にアインシュタインの光電効果を確認する実験を行いました。これはアインシュタインにとって非常に幸運なことでした。なぜかというと、ミリカンは非常に精巧な実験装置を作り精度の高い実験をすることで有名な実験物理学者だったからです。ミリカンは1910年に電子の電気量を油滴で

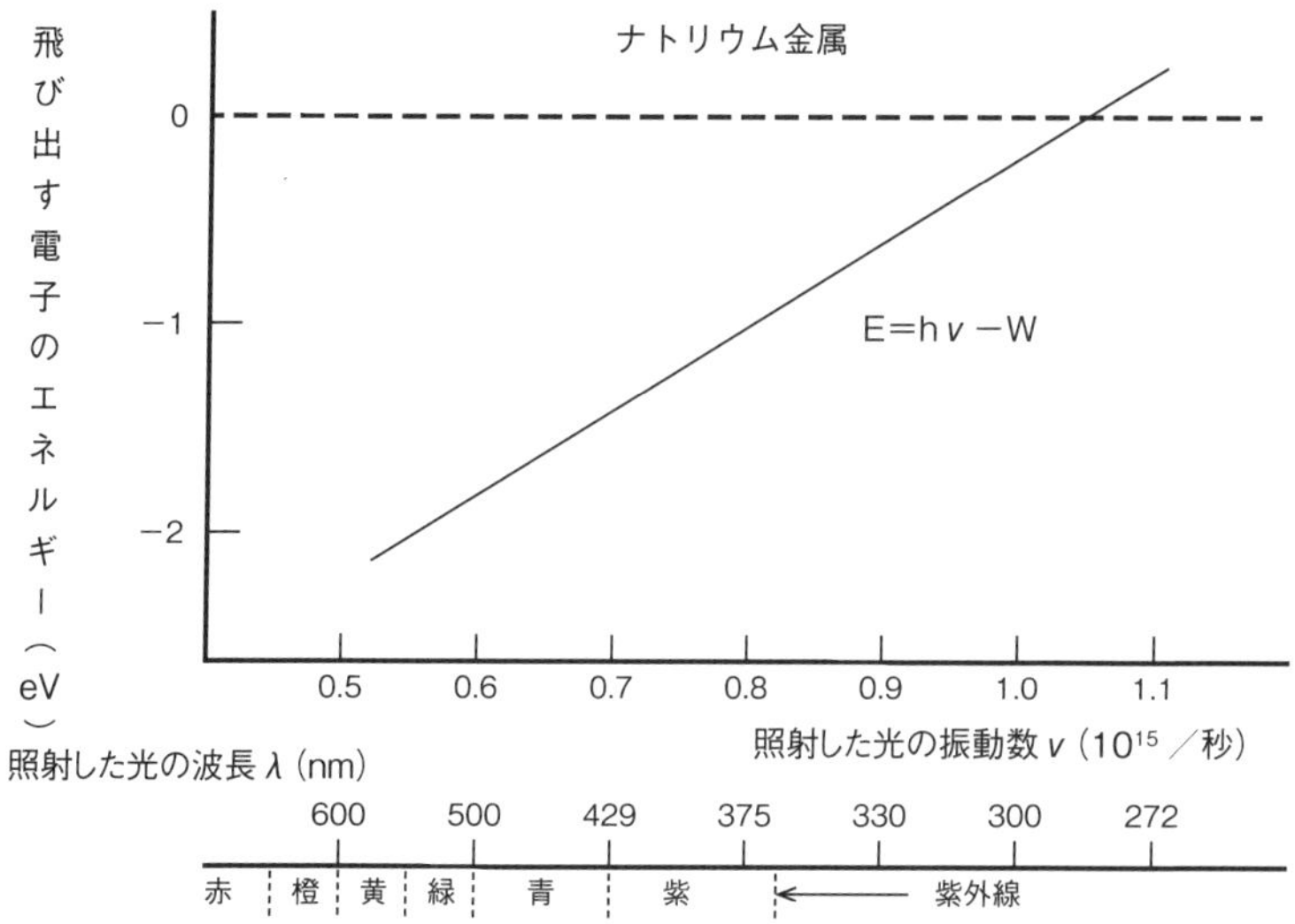

ミリカンの実験によって得られたグラフ

高精度の測定をしたことで名を上げた物理学者です。この実験は「世界で最も美しい10の実験」の1つに選ばれているくらいです。

ミリカンが行った光電効果の実験結果のグラフを上図に示しました。この実験では金属にナトリウムを使った場合が示されています。このグラフは横軸に光の振動数、縦軸は飛び出してくる電子の電圧（エネルギー）が示されています。このグラフで縦軸の電圧がマイナスになるのは、電子がマイナスの電荷をもっているためとミリカンは著書『エレクトロン』の中で説明しています。

実験はアインシュタインの式に従って、振動数νの光を金属に照射し、発生する電子を電極で電圧として測定するものです。

ここで第2章で説明した1次方程式を思

い出して下さい。1次方程式は「y＝ax＋b」ですよね。これをアインシュタインの光電効果の式と比べてみると、y＝E、a＝h、x＝ν、b＝−W、になっていることが分かります。

つまり、「E＝hν−W」とは1次方程式なのです。

この実験によると、光の振動数νと電圧Eの関係が直線のグラフとして描けます。このグラフはy＝ax−bと同じですから、b＝0として勾配 $a=\frac{y}{x}$ を求めるように $h=\frac{E}{\nu}$ を計算で求めることが出来ます。実はプランク定数というのは、これまで理論的に計算されるもので、実験から求められるとは誰も思っていなかったので、ミリカンは大変驚いたと述べています。

アインシュタインの予言−1を検証する

ところで、アインシュタインは、予言−1の中で「$\nu=1.03\times10^{15}$（紫外線に相当する）の光を照射すると、電子のエネルギーは4・3ボルトになる」と示していますのでそれを検証してみます。

光電効果の式はE＝hν−Wですが、W＝0として、E＝hνを求めると

$$E=\frac{\text{プランク定数}\times\text{振動数}}{\text{プランク定数のジュールをエレクトロン・ボルトに変換する係数}}$$

とすると、

光電効果を示す金属の特性
(物理数表の金属の仕事関数の値から振動数、波長を計算したもの)

金属元素	Na	Ag	W	Au
元素名	ナトリウム	銀	タングステン	金
振動数 ν ($\times10^{15}$)	*0.55*	0.90	1.09	1.18
波長 λ (nm)	*545*	332	275	253
仕事関数W(eV)	*2.28*	3.69	4.52	4.90

$$\frac{6.6\times10^{-34}\times1.03\times10^{15}}{1.6\times10^{-19}}=4.2\text{eV}$$

となりアインシュタインが得た4・3ボルトに近い値になります。

では、現在金属について得られている仕事関数のデータ値からアインシュタインの用いた金属を推測してみましょう。

仕事関数はeV（エレクトロン・ボルト：1ボルトの電圧で得られる電子のエネルギー）と言う単位で表されますが、電子が例えば2・28Vの電圧で現れる場合そのエネルギーは2・28eVになります。

アインシュタインが論文の中で示した数値は、上の表にアンダーラインが引かれている値に近いものです。これと予言－1で引用した数値と比べると、その金属はおそらくタングステン（W）だったものと考えられます。また、115ページに示したミリカンのナトリウム（Na）金属を用いた実験結果は、振動数のスタートはほぼ0・55に、eVは2・28（電圧はマイナスであるが、電圧の絶対値と仕事関数の値は等しくなる）と数表の値とほぼ一致していることも分かります。

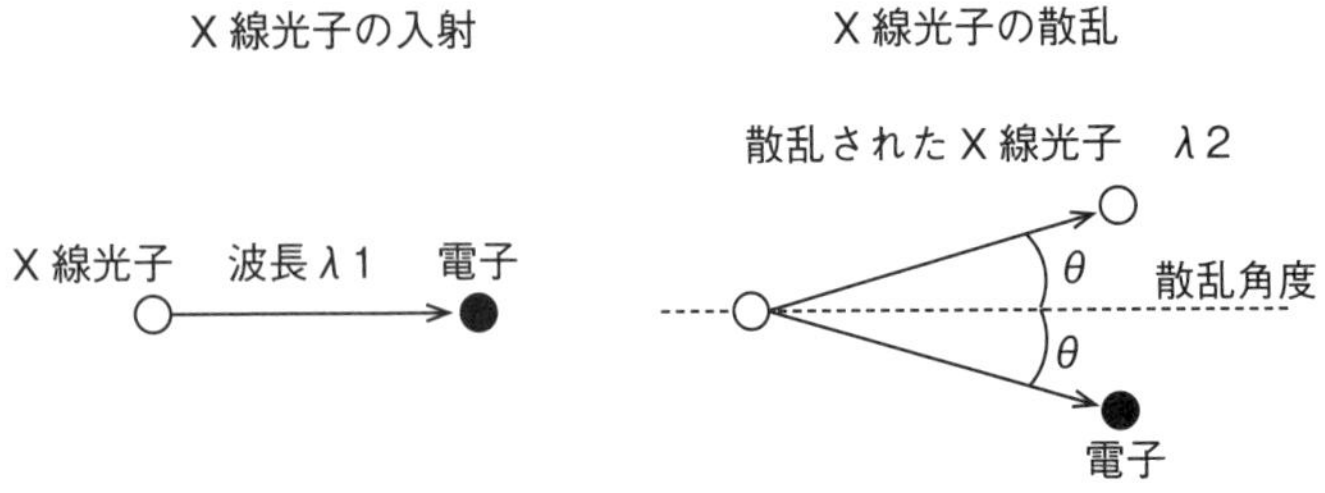

コンプトン効果の説明図、X線を電子に照射すると電子は粒子にはじき飛ばされるようにその方向を変える。

②コンプトンの実験による証明

アインシュタインの光電効果理論の唯一の欠点は、光が波であるにも関わらず粒子的な性質を持っていることを証明できなかったことでした。

アメリカの物理学者アーサー・コンプトン（1892～1962）は1923年に電子にX線を照射する実験を行っていました。その実験の結果、X線は波の性質を持つだけでなく粒子的な性質を持つことが発見されたのです。その実験の結果を上図に示しました。

X線は電磁波で光も電磁波ですから同じ仲間です。そのX線のエネルギーを与えると、アインシュタインの理論と同じように、「X線エネルギー＝プランク定数×X線の振動数」となっていることが実験で証明されたのです。

この実験から

λ1：最初に照射したX線の波長

λ2：電子で散乱されたX線の波長

とすると、その波長の差　$\Delta\lambda=(\lambda2-\lambda1)$ となります。

CCD 撮像素子

太陽電池

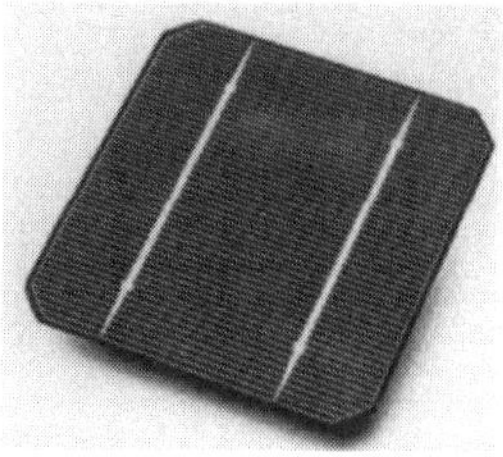

光電管

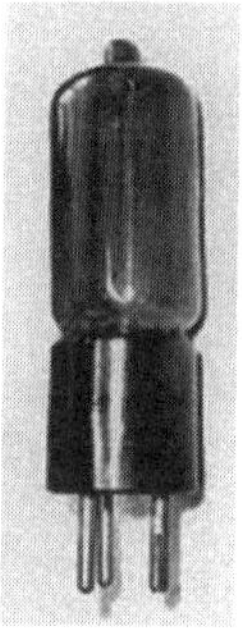

光電効果を応用した製品

光の振動数と波長の関係は「光速度＝波長×振動数」から$\Delta\lambda$に相当する振動数$\Delta\nu$を求めると「$E=h\Delta\nu$」となりアインシュタインの式がX線を電子に照射した場合でも成り立つことがわかります。

電磁波と呼ばれるものは光でもX線でも同じで、波であると同時に粒子としての性質も持ち合わせていたことが証明されたのです。つまり前に示したビリヤードの図から考えると、白い玉（光）を黒い玉（電子）に左斜め下から当てた場合、黒い玉（電子）が右斜め下に角度θではじかれると、白い玉（光）の方は右斜め上に同じ角度θではじかれますが、これと同じようなことが波であるX線と電子との間でも起こっていたわけです。

身の回りにある光電効果を応用した製品

光電効果を応用した電気製品は今、世の中に溢れています。例えば、デジカメに使われているＣＣＤ素子、太陽電池、光センサー、発光ダイオードなどがそうです。実は光電効果には外部光電効果と内部光電効果の2つがあります。私たちの身の回りにあるものは、現在ほとんど半導体などの内部光電効果を使ったものです。この2つの効果には次のような違いがあります。

外部光電効果（電子が外に飛び出してくる効果）

外部光電効果は、光を照射すると金属表面から外部に電子が飛び出してくる現象です。製品としては、現在あまり使われなくなっていますが、光電管などがそうです。以前はテレビで撮影する撮像管として多く使われていました。

その原理は、左図に示すように半円状の部分には、仕事関数の小さいアルカリ金属の酸化物が塗布されており、その向かいにプラスにした電極が置かれています。この半円状の部分に光を当てると電子が飛び出し、それがプラス電極を通して回路に流れるというものです。

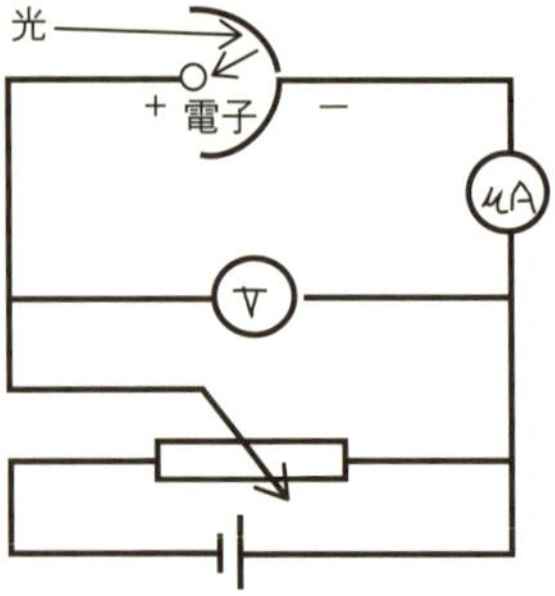

光電管の構造

2015年度のノーベル物理学賞は日本の梶田隆章教授に与えられました。その受賞理由は「ニュートリノに重さがあることを実験的に証明した」というものです。実はこのニュートリノの実験を行った装置は、スーパーカミオカンデに設置されている光電子増倍管で検知されたものです。この

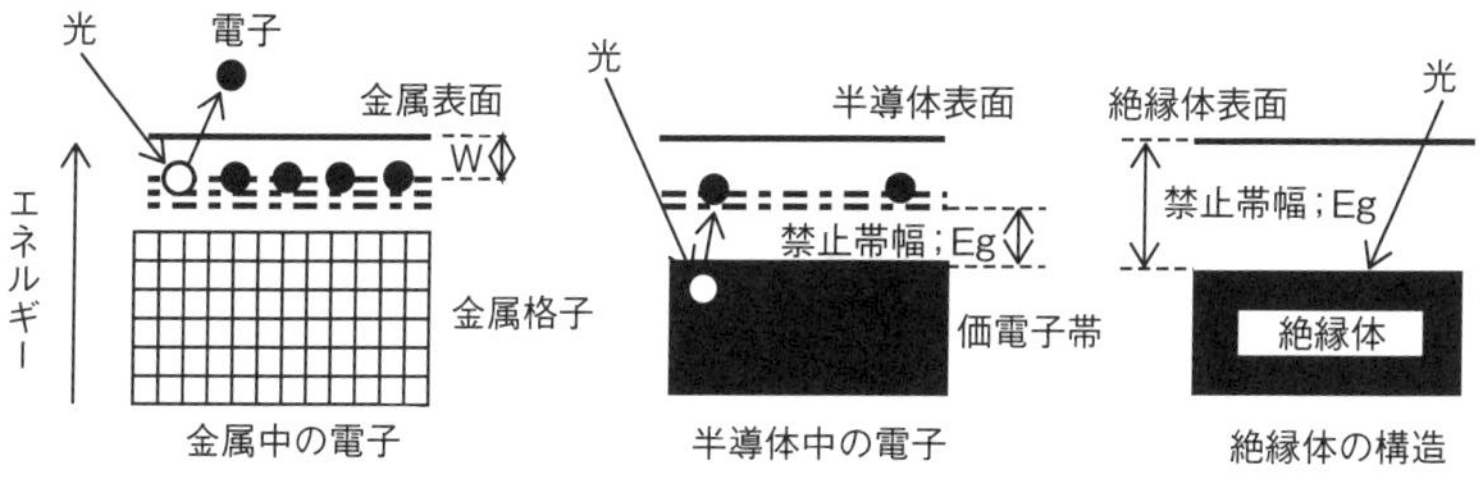

金属、半導体、絶縁体の構造と電気特性

光電子増倍管は、光電管の一種で1つの光電管では弱い信号しか得られないため、この信号を増倍させるため多数の電極を設けた構造になっているものです。このスーパーカミオカンデは、2002年にニュートリノの研究でノーベル賞を受賞した小柴昌俊教授が造り上げたものです。

　このように外部に電子が飛び出してくる現象は、外部光電効果と呼ばれていますが、次に述べる半導体内で起こる内部光電効果と区別しています。

内部光電効果（電子が半導体内で働き外には出てこない効果）

　内部光電効果はちょっと複雑です。そこで、まず金属、半導体、絶縁体の構造を比較したものを上図に示しました。この3つの物質で大きく違うのは電子の数で、これを比較すると、金属＞半導体＞絶縁体のようになっています。絶縁体には電子がほとんど存在していないため、電気を通さず非常に高い抵抗値を持っています。また、半導体は金属と絶縁体のちょうど中間位の電気を通し易さを持った物質であることから「半導体」と名付けられています。この半導体の中で起こる光電効果は、光によって放出された電子が外部には出てこず、半導体内の伝導帯に入り半導体の電気抵抗を低くする効果を持っています。半導体と絶縁体は、似たような構造になっています。絶縁体では禁止帯幅（エネルギー・ギャップEg）が非常に大きくなっているのですが、半導体ではEgが小さいために電子が取り出しやすい構造となっているのが特徴です。半導体に光を当てると、外部に電子は飛び出してはきませんが半導体の内部では電子の数が増加するため、この性質を応用すると様々な機能を持った製品を作ることができます。例えば太陽電池は、光が当たると電圧が発生する装置です。半導体にはＰ型（Positive：正の電気を持つ）とＮ型（Negative：負の電気を持つ）のものがあり、これを組み合わせてPN接合型のものを作ると太陽電池になります。

ＣＣＤ素子は、もっと複雑な構造をしているので簡単に説明できませんが、基本的にはPN接合型のエレメント（素子）が縦横に沢山並べられた構造になっています。これらのエレメントはカラー画像を得るため赤、緑、青用の3組で1画素を作るものになります。例えば、６００万画素のＣＣＤ素子では、縦２０００画素×横３０００画素のようにエレメントが並べられています。これをデジタルカメラに収めたものが上図に示したものです。

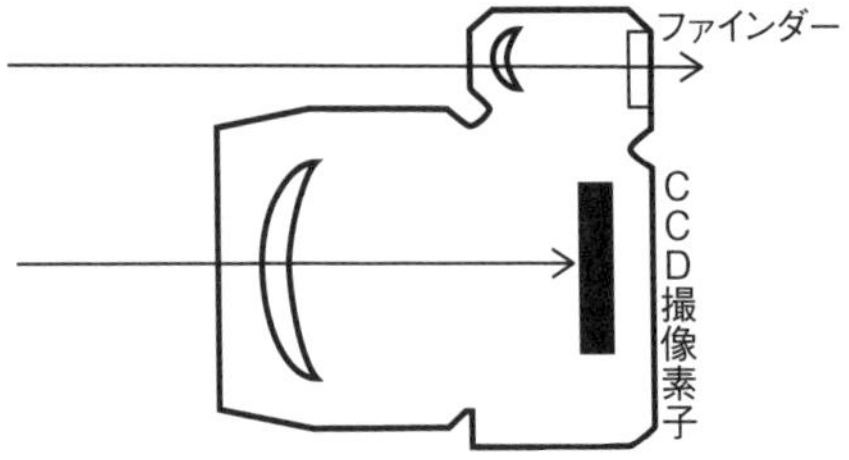

デジタルカメラ内のCCD撮像素子

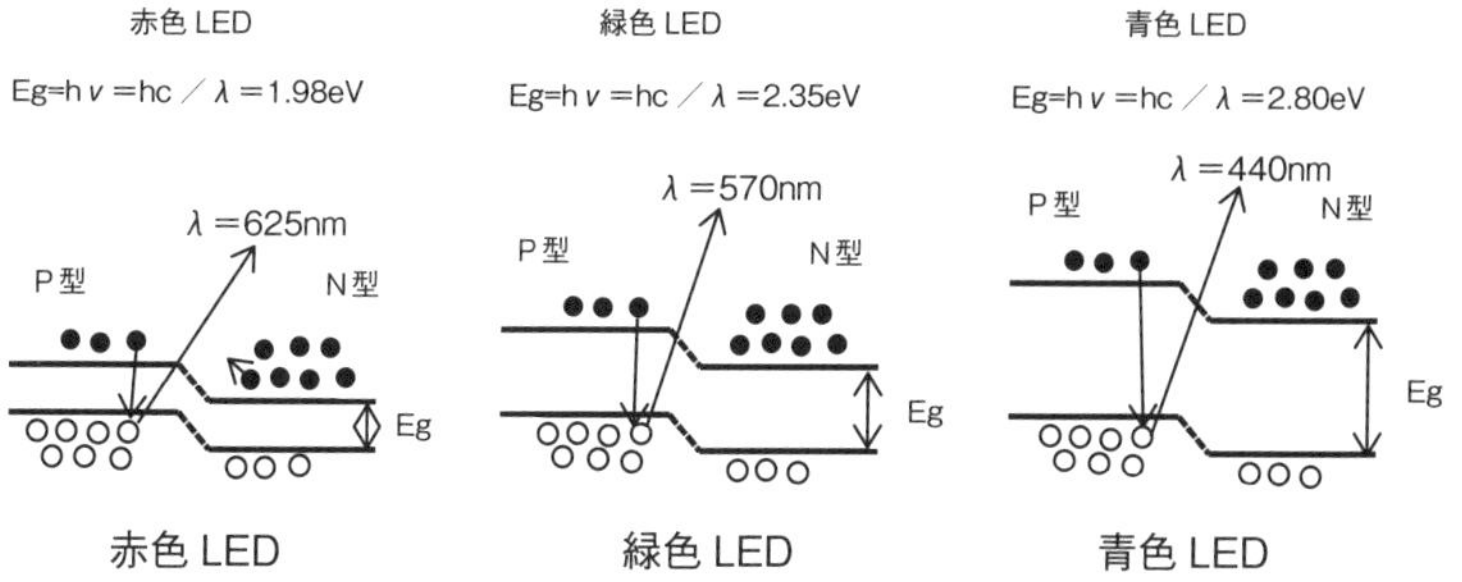

LED は光電効果と逆の現象で、電流を加えることによって赤、緑、青の光を放射する素子である。この放射される光エネルギーの関係は、光電効果の式 Eg ＝ hν と一致している。

この他に話題になっている青色発光ダイオードも光電効果に関係が深いのです。発光ダイオードはLight Emitting Diode の頭文字をとってＬＥＤとも称されていますので、ここからはＬＥＤとして説明します。

ＬＥＤの場合は、光電効果の逆の作用で、光によって電子が飛び出すものではなく、電流を流すことによって光を放出させるものです。ただ、この時放射される光エネルギーは半導体の材料であるEgに関係し、アインシュタインが導いた式と同じくEg＝hνとなっています。

上図に3種類のＬＥＤ、赤色ＬＥＤ、緑色ＬＥＤ、青色ＬＥＤの構造図を示しました。この構造図は、半導体の構造図と同じようなものですが、ちょっと複雑になっています。基本的には太陽電池と同じくＰ型とＮ型が組み合わされたものですが、太陽電池が光を受けて電圧を発生するのに対してＬＥＤは加えられた電流によって発光する仕組みになっています。左から赤色、緑色、青色のＬＥＤの構造が描かれていますが真中に描かれている川のようなものが、半導体の禁止帯幅Egです。赤から青にいくに従って、川幅のようにEgが広くなっています。

この図から青色ＬＥＤが最も大きな光エネルギーを放出する素子であることが分かります。実は長い間、青色ＬＥＤを作ることが難しかったのは、この青色を放出する半導体のＧａＮを結晶物質として作ることが困難だったためなのです。２０１４年度のノーベル物理学賞が青色発光ダイオードの開発者たちに与えられたのはその点が高く評価されたためです。

光電効果理論に残された疑問

アインシュタインが提示した理論によって、「光電効果」と呼ばれる現象が全て解決されたように思われました。しかし、光電効果という現象はもっと奥深い意味を含んでいたのです。それは、光で電子にエネルギーを与えるのが光電効果だとすれば灼熱した金属から何故、電子が飛び出してこないのかという疑問です。この問題は赤い光を金属に多く照射しても何故電子が飛び出してこないのかを説明するものです。

もし、電子にエネルギーを与えるのであれば、金属全体を赤くなるほど加熱すれば、光のエネルギーに相当するエネルギーが得られるはずですから、電子が飛び出してくると思われます。

しかし、光電効果を示す、金、銀、銅を加熱しそれらが溶ける温度まで加熱しても電子は飛び出してきません。

その理由は、アインシュタインにも分からなかったのです。まず、結論だけ書いておきますが、その理由は、電子のような粒子は量子化されたエネルギーしか受け取らないためなのです。

１９０５年の段階では、アインシュタインの理論で上手く説明できないものが２つありました。それは

①光は波と粒子という２つの性質を持っていること。

②赤い光を金属に照射した場合、赤い光の強さを大きくし、エネルギーを高くしても電子が飛び出してこないこと。

でした。

この中で①についてはコンプトンの実験から、光は粒子でもあり波でもあることが説明できました。

②について、当時の物理学者たちは、「赤い光でも多く集めればエネルギーは大きくなるはずなのに、何故、電子が飛び出してこないのか？」という疑問を持っていました。この疑問の解明は、灼熱した金属から何故電子が飛び出してこないのかが分かると理解できるようになります。

この問題は、原子が構成している電子、原子核の間のエネルギーのやり取りは、量子化（つ

ぶつぶのエネルギー）されたエネルギーとして働くことに原因があるのです。このことを説明するには、原子がマトリョーシカ的な構造を持っていることを知る必要があります。

皆さんは、マトリョーシカというロシアの人形をご存じだと思います。一番大きい人形のふたを開けると、中にはそれより小さい人形があり、そのふたを開けると、さらに一回り小さい3番目の人形があるという形のものです。アインシュタインが「光電効果理論」を発表した当時は、まだ原子の存在も確認されていませんでしたし、原子の構造がマトリョーシカ的であるなどとは誰も考えていませんでした。しかし、光電効果の不思議さは、その原子の内部構造の一部を私たちに垣間見せていたのです。物質を細かくしていくと最後に原子にいきつくと思われていたのですが、マトリョーシカのようにその原子の中にさらに小さな粒子があったのです。金属原子の一部を切り開いてみると、そこには電子と原子核が入っており、光電効果はその一番外側を回っている電子に光が照射された場合に起こるのです。そして、原子の内部で通用しているエネルギーのルールは、私たちが日常的に使用しているエネルギーのルールとは実は異なっていたのです。

左図では、原子内部の電子に紫色エネルギーの光子が1個照射された場合と、赤色エネルギーの光子が3個照射された場合を示しています。我々が知っている常識から考えれば、0・5の値の光子が3個あれば、0.5×3=1.5となると考えられますが、量子の世界のルールでは、1個で0・5のエネルギーを持ったものは、いくら集めても0・5より大きくならないのです。

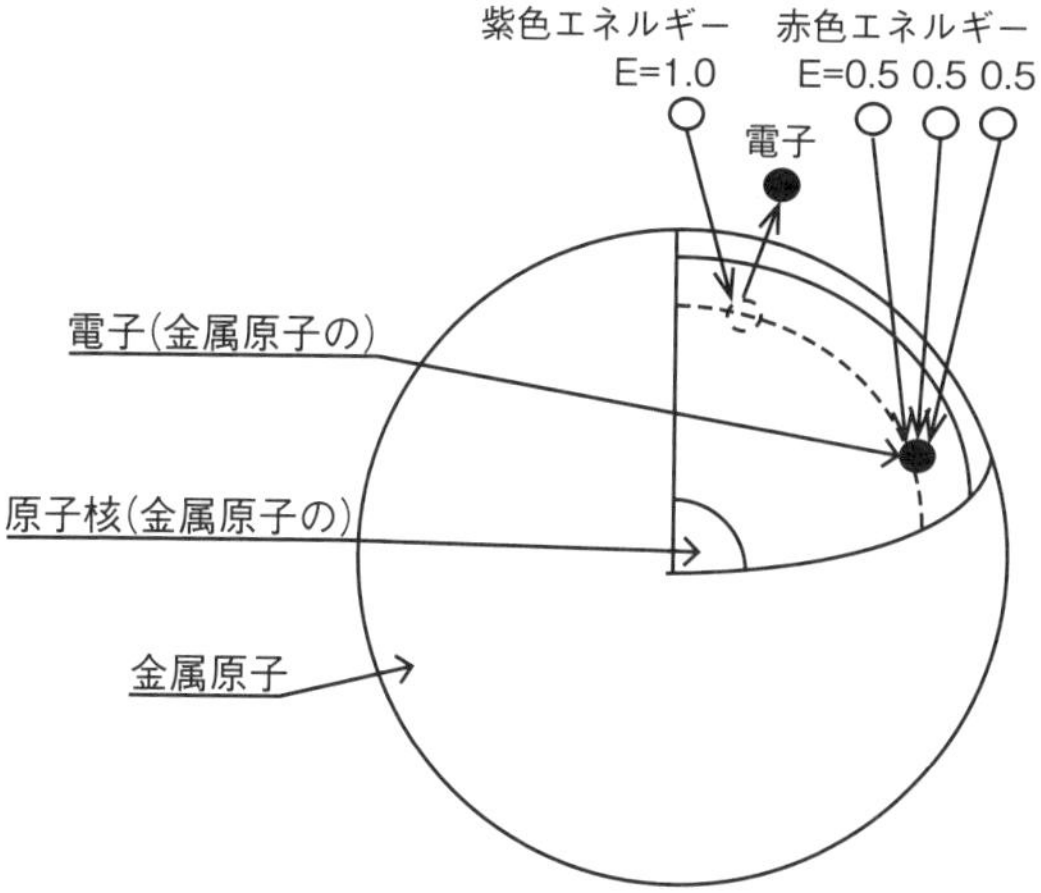

光電効果の不思議
0.5 のエネルギーを３倍にしても 1.5 のエネルギーにならない

　このようなルールがある世界を研究したのは、物理学者のラザフォードやボーアたちでした。

　原子の構造を研究していたボーアは、全ての原子が電子と原子核で構成されていることを見出しました。さらに研究を続けると最も簡単な構造をしている水素原子は1個の電子と1個の陽子を持った原子核で構成されており、原子核を中心として電子が回る軌道がいくつも存在していることも分かりました。この水素原子の中の電子の状態は次ページ図のように表されます。電子軌道にはE_1、E_2、E_3などがありますが、通常、電子は1番内側のE_1の軌道内を運動しています。この電子は外部からエネルギーを与えられるとE_2やE_3の軌道に移ることが出来ます。ただし、そのエネルギーは、アインシュタインの関係式、$\triangle E = h\nu$ から、$\triangle E$が$E_2 - E_1$より小さいと、電子は移動することは出来ませ

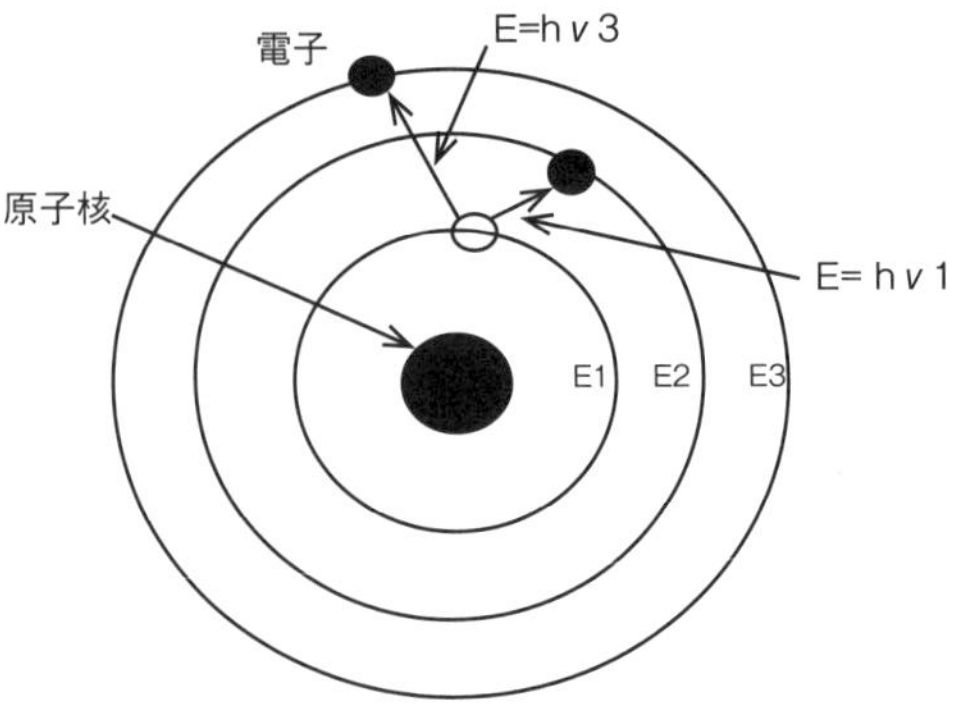

水素原子の構造
水素原子は原子核が中心にあり、
1個の電子はE_1、E_2、E_3のどこかの軌道に入る

ん。つまり、$E_2 - E_1 > h\nu$ である場合です。こうなると、E_1とE_2の中間のエネルギーは意味がないことになります。このつぶつぶ状のエネルギーを量子と呼んでおり、原子の状態を示す場合、量子論という考え方が使われるのはこのためです。

水素原子の電子の運動から考えると、光を吸収して電子が飛び出す光電効果は、次ページ右図のようになっていると考えられますから、光電効果と同じ原理で働いていることが分かります。また、水素原子で起こる光の放出は、次ページ左図のように示されますから、青色発光ダイオードはこれと同じ原理で発光していることも分かるようになりました。

アインシュタインが光電効果を発表した時点では、まだ原子さえも認知されていなかった時代ですから原子よりさらに小さい粒子があるとは考えていませんでした。その後の研究で、原子を切り開くと、そこには電子と原子核が存在していることが分かります。そし

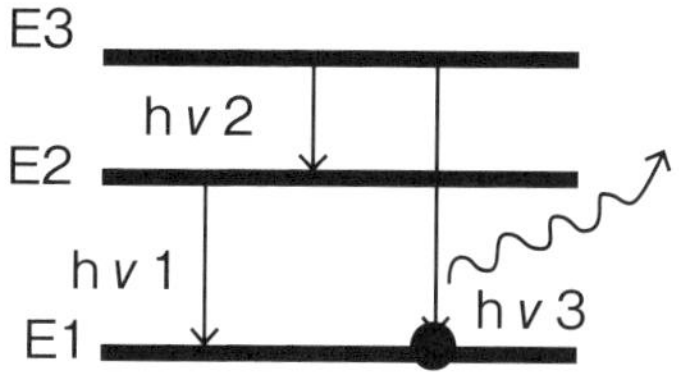

水素原子の光の放射
この状態は、青色発光ダイオードの発光原理と同じことを示している

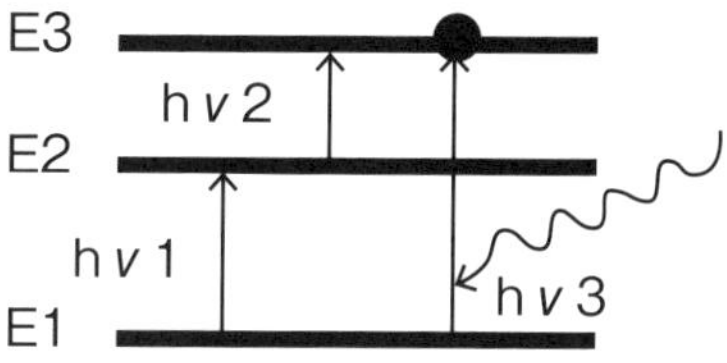

水素原子の光の吸収
この現象は、光電効果と同じ状態であることを示している

て原子核を切り開くとその中には陽子と中性子が入っていたことが分かりました。そしてさらに、陽子や中性子を切り開くと、そこには複数の素粒子（クオーク）が存在していることが理論上から推測できることが分かっています。ただ、陽子や中性子は実際に取り出されていますが、素粒子については、まだ切り開いて取り出すところまではいたっていません。素粒子を取り出すことは大変難しいと言われていますが、原子のマトリョーシカ的構造についてはまだまだ探るべき課題がありそうです。

ブラウン運動とは

ブラウン運動は、植物学者のブラウンが１８２７年に水に浮かべた花粉を顕微鏡で覗いてみたところ、まるで生き物のようにジグザグに動いている様子を発見したことから知られるようになりました。それを次ページに示しました。

ブラウン運動は非常に小さな動きです。アインシュタインの計算では1秒で0・8ミクロン、1分でも6ミクロンくらいしか動きません。人間の髪の毛の太さは約50ミクロンですから、その約10分1の動きを見るには顕微鏡を用いるしか方法がないのです。

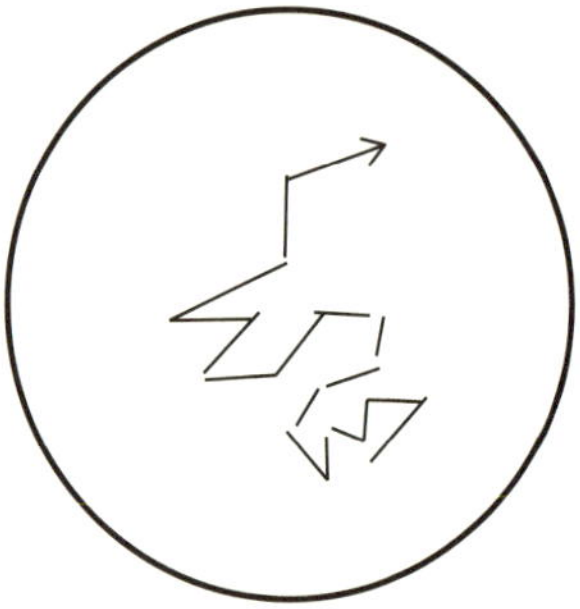

ブラウンが顕微鏡で
観測したブラウン運動

アインシュタインの説明と予言

アインシュタインは、ブラウンが発見した花粉の不規則運動は、水分子の動きが微粒子の運動に反映されたものと考えました。ただ、アインシュタインが考えた数式はかなり難しいものになっています。そこでここでは、アインシュタインが最終的に求めた式だけをご紹介しておきます。

$$\sigma=\sqrt{t}\times\sqrt{\frac{RT}{N}\times\frac{1}{3\pi\eta a}}$$

σ　平均移動距離
R　気体定数
T　絶対温度
N　アボガドロ数

η　微粒子が浮遊している液体の粘性係数（この場合水の粘性係数）

a　微粒子の半径

ここでは、式の中の意味を考えると難しくなるので、あまり細かく考えなくても良いのですが、一応、広辞苑を参考にご紹介すると、

気体定数：理想気体が持つ定数＝$\dfrac{（気体圧力×体積）}{絶対温度}$

絶対温度：実験時の温度(t)＋273℃

アボガドロ数：1モルの分子の中合まれるに構成粒子数、6.022×10^{23}

と記されています。

アインシュタインの予言ー2

アインシュタインは、論文の中で自身が計算した値を「N」として気体運動論の結果に従って6×10^{23}とした場合、１秒間でのλxがどの程度の大きさになるかを考えました。液体として17℃の水（$k=1.35\times10^{-2}$）を選び粒子の直径を０・００１㎜とすると「$\lambda x=8\times10^{-5}$cm＝0.8ミクロン」という値になると書いています。そして、「ここに提起された、熱理論に対する重大な課題の判定が、近い将来何人（なんびと）かの手によって達成されんことを！」とも書いています。なお、アインシュタインの最初の式ではσをλx、ηをkとして

いましたが、現在ではσ、ηが使われています。

この0・8ミクロンというアインシュタインの予言した値を前式に当てはめ、時間以外は全て定数として計算すると、t＝1分＝60秒ですから、平均変位 $\sigma = 0.8 \times \sqrt{t} = 0.8 \times \sqrt{60} = 6.2$ ミクロンとなります。このアインシュタインの予言が正しいことを実証する物理学者が3年後に現れるのです。

ペランの実験による証明

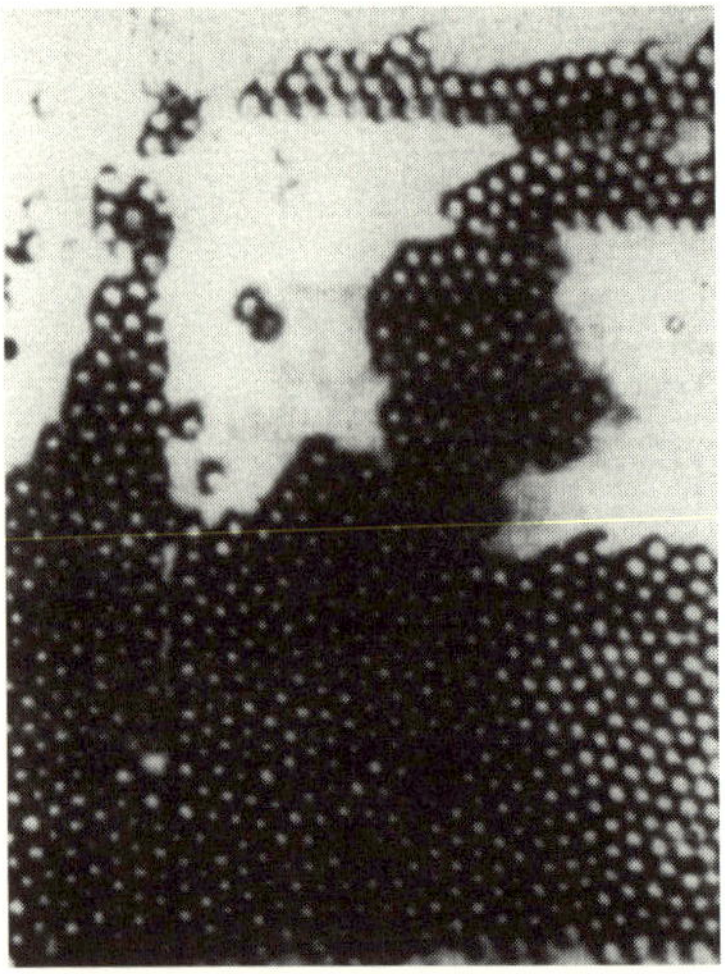

ペランが作成したガンボージ粒子

フランスの物理学者、ジャン・ペランは1908年にアインシュタインのブラウン運動理論を検証するための実験を行っています。ここでもアインシュタインは熟達した実験物理学者によって救われたのです。

ペランは微細な粒子を作る達人でした。1908年という時代に、ガンボージ樹脂の微細粒子（直径1ミクロンくらい）を作りだ

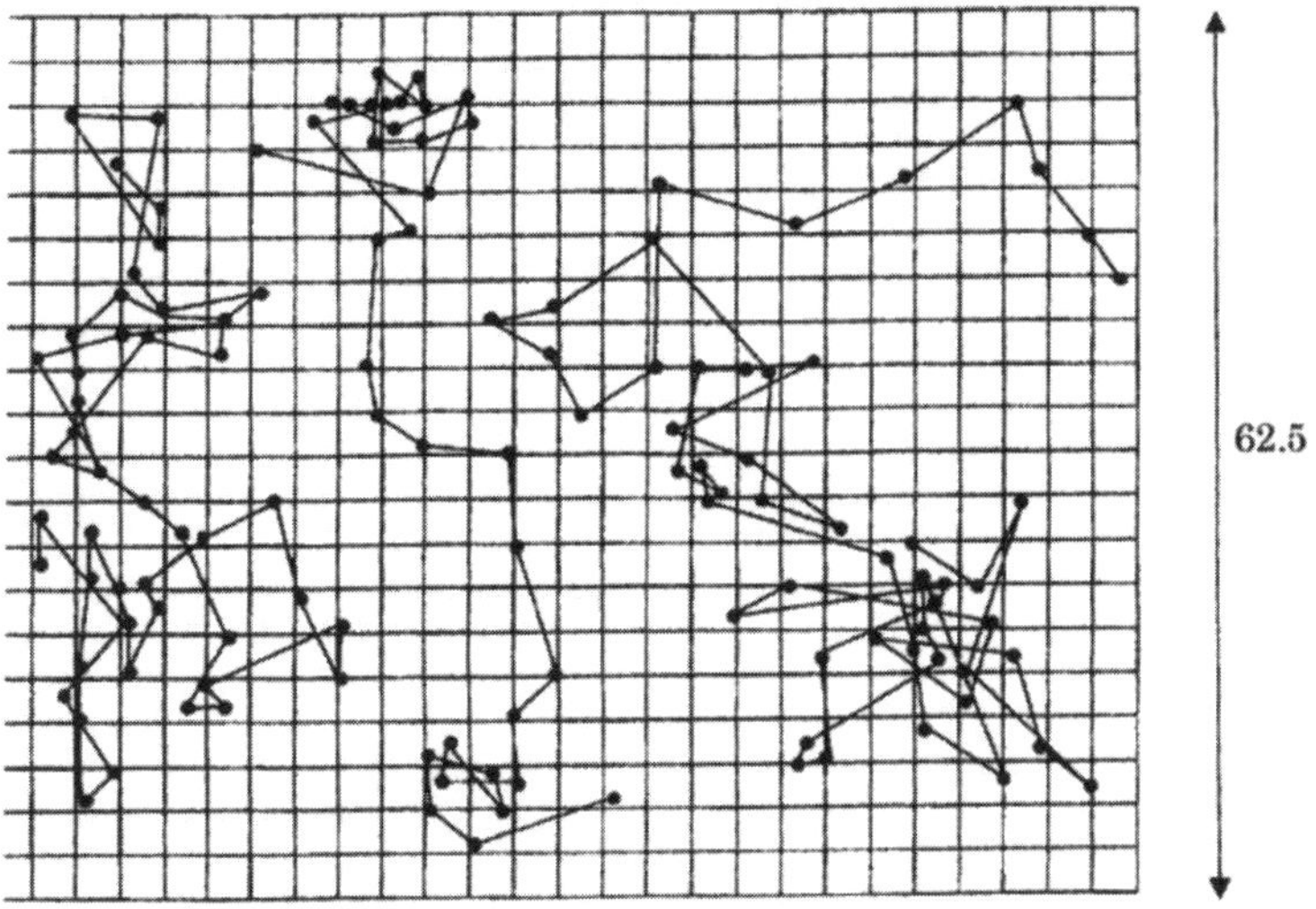

ペランが顕微鏡で観測した微粒子の 30 秒ごとの動き

す技を備えていたのです。その微粒子は写真のような形状です。

写真を見ると1ミクロンの微粒子が非常に球形に近い形で形成されているのが分かります。実験で重要なことは、理論物理学者たちは、理想的な状態を予測して理論を構築しているので、実験材料も出来るだけ理想的な形状であることが望ましいのです。ブラウン運動の実験の成功は、材料を制御する技術、精度の高い測定技術を持った学者がこの研究を行ったことにあります。

ペランは学生にこれらの微粒子の運動を詳細に調べさせました。水の上にガンボージ粒子を撒きその動きを30秒ごとに観測してグラフ用紙に書き出させたのです。それが上図になります。そこにはブラウンが観測したのと同様の微粒子の動きが見られ、アインシュタインが予測したほぼ6ミクロンの動きになっています。ペランはその他の微粒子の温度条件などで、分布状態、拡散状態などを調べていますが、その全てがアインシュタインの理論式と一致したのです。

なぜ花粉がブラウン運動を起こさないのか

アインシュタインがブラウン運動理論を発表した際、この理論には2つの疑問が持たれていました。この2つの疑問はかなり妥当なもので、アインシュタインの説明よりもこちらの方が正しいように思えてくるほどの問題提起になっています。その提起された疑問とは、

①ガンボージ粒子の直径と水分子の直径を比べると5000倍も違うので水分子が運動する力ではガンボージ粒子は動かされないはずだ。

②水分子は全ての方向に動くはずなので、そのベクトルの合計はゼロになり、ガンボージ粒子は動かない。

というものです。

この疑問の中には、花粉を用いた実験を行ってみるとブラウン運動が観測されなかったという問題も含まれています。花粉のブラウン運動問題については、百種類くらいの花粉についいて

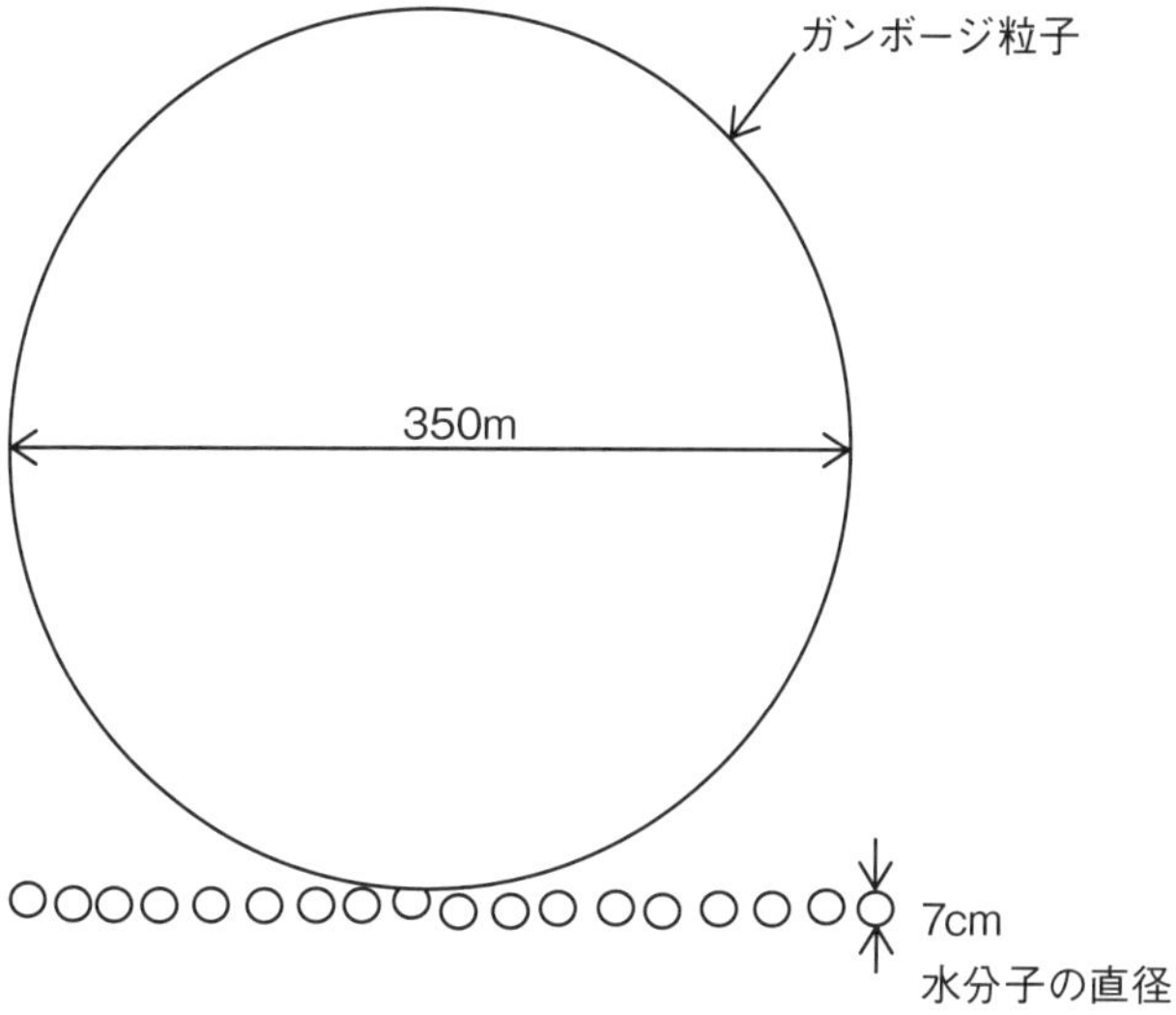

ガンボージ粒子と水分子の大きさの関係

素朴な疑問1：水分子を直径7ｃｍの野球ボールとするとガンボージ粒子の直径は 350 ｍにもなる。このような巨大な粒子は水分子によっては動かされないのではないか

調べた結果、全くブラウン運動が見られなかったことが知られています。

このことから、ブラウン運動は存在しないのではないかという人たちも現れたのです。そこで、まず①の問題を検証することによって「なぜ花粉はブラウン運動を起こさないか」を考えてみます。

上図に小さな粒子がどうして大きな粒子を動かせるのかを考えるための説明図を描いてみました。この水分子とガンボージ粒子の大きさの関係は図のようになっています。水分子を野球ボール（直径7㎝）の大きさとし、同じ比率でガンボージ粒子の大きさを計算すると約直径350mの大きさということになります。当初多くの人が理解できなかったのは、水分子とガンボージ粒子の大きさがこれ程違うのに、何故、小さな水分子がガンボージ粒子を動かすことが出来るのかということでした。

確かに小さな粒子が大きな粒子を動かすのはとても難しいように思われます。

しかし、ペランの実験によると、微粒子のブラウン運動は明らかに観測されています。ところがなぜ花粉ではなぜブラウン運動が起きないのでしょうか?

その解答はアインシュタインの式の中にあります。

まず、ブラウン運動の式を

$$\sigma=\sqrt{\left(t\frac{RT}{N}\times\frac{1}{3\pi\eta a}\right)}$$

の式からaをカッコの外に出して

$$\sigma=\sqrt{\left(t\frac{RT}{N}\times\frac{1}{3\pi\eta}\right)}\times\frac{1}{\sqrt{a}}$$

と書き換えます。

$$\sigma=定数\times\frac{1}{\sqrt{a}}$$

と考えるのです。

そして、微粒子の大きさaだけが変化し他の数値を全て定数と考えます。これから分かることは、aが大きくなるにつれて、分母の$\sqrt{a}$の値も大きくなり、したがって平均移動距離σの値がどんどん小さくなるのです。つまり微粒子があまり動かなくなってしまうのです。

ガンボージ粒子が1ミクロンなのに比べ、花粉は小さいものでも10ミクロン位なので、この位の大きさになってしまうと、ブラウン運動は顕微鏡をもってしても観測されにくくなります。

ここで使った $\frac{1}{\sqrt{a}}$ の関係は、分数というものの基本的な考え方の重要性を示しています。つまり、分数の関係、分子／分母は、ある比率を表している、という2章でご紹介した事がとても重要な意味を持つわけです。それでも花粉は1ミクロン程度は動く計算になりますが、多くの植物学者の研究で花粉は全く動かなかったことが確認されています。

その原因は花粉の形状にあると考えられます。ペランが実験に使ったガンボージ粒子は、完全な球形をしていました。しかし、花粉は理想的な球形ではなく、ぎざぎざの形状のため、これが抵抗となって動きが妨げられると考えられます。ですからブラウンが水の上に浮かべた花粉が動いていると観測したのは間違いで、現在では花粉に付着していた花粉より小さいゴミのようなものを観察していたのだろうと考えられています。

次は②の問題で、水分子の動く方向の力を全て合計するとゼロになるはずであるという問題です。次ページ図のように水分子の全ての運動方向を合計するとゼロになると考えた方が正しいように思われます。

しかし、ペランが行った実験のように水の上にガンボージ粒子を浮かばせると、その浮遊粒子はあちこち動き回っています。もし数十個の微粒子を水に浮かべると、微粒子は次第に遠くへ離れて広がっていきますが、これは拡散と呼ばれている現象です。現在では、水分子の運動

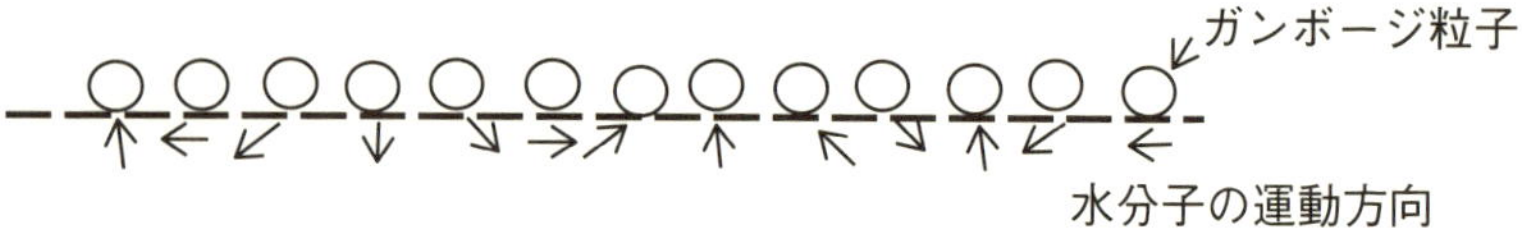

水分子の動きの方向の総和はゼロではないのか？

素朴な疑問2：水分子の運動方向のベクトルの総合計はゼロになるはずなので、ブラウン運動は起こらない。

ペランの実験結果：ゆらぎの現象があるためブラウン運動が起こる。

は全て同等ではなく、わずかな〝ずれ〟が起こることが分かっています。そのため、水分子の運動ベクトルの全体を合計してもゼロにはならないのです。これがブラウン運動の原因だと考えられるようになっています。

このわずかな〝ずれ〟は今日では〝ゆらぎ〟と表現しています。〝ゆらぎ〟を説明するのは大変難しいのですが、広辞苑では、巨視的つまり大きい部分では一定の平均値として表されるが、微視的、つまり非常に小さい部分だけ見てみると平均値前後で絶えず変動している現象のことを〝ゆらぎ〟と説明しています。この〝ゆらぎ〟という考え方は現代の物理学でも非常に重要なものなっています。

ブラウン運動理論は、アインシュタインは水のように物質というものは、原子のような粒子から成り立っていることを証明しようと考えたものです。そしてブラウン博士が発見したブラウン運動によって花粉が水分子によって動かされていると解析されたのです。しかし、その結果には花粉が動かされているといった以上に意味深い内容が含まれたのです。自然界は非常に規則的に動いているように思われていますが、実はある程度の不規則さを持っていたのです。現在では、宇宙の始まりであるビッグ・バンなどは、この〃ゆらぎ〃が原因で起こったのではないかとも言われています。

相対性理論とは

さて、ついにアインシュタインの三大理論の中で最も有名かつ難解とされる「相対性理論」に挑むことにしましょう。

相対性理論はアインシュタインが唱えたものと思われていますが、この考え方を最初に提案したのは、ガリレオ・ガリレイでした。

ガリレオの相対性理論は次のようなものです。

ある海辺の岸壁の上で１人の人物がその近くを通る帆船を眺めているとします。そして帆船は左から右の方向に走っています。マストの上では船員Aが荷物を持っています。そして、もしその船員Aが荷物を下に落とした場合、船員は荷物がマストの真下に落下したことを確認します。

ところが、岸壁の上で帆船を眺めていた観測者Bは、船員の落とした荷物が右の方向にカー

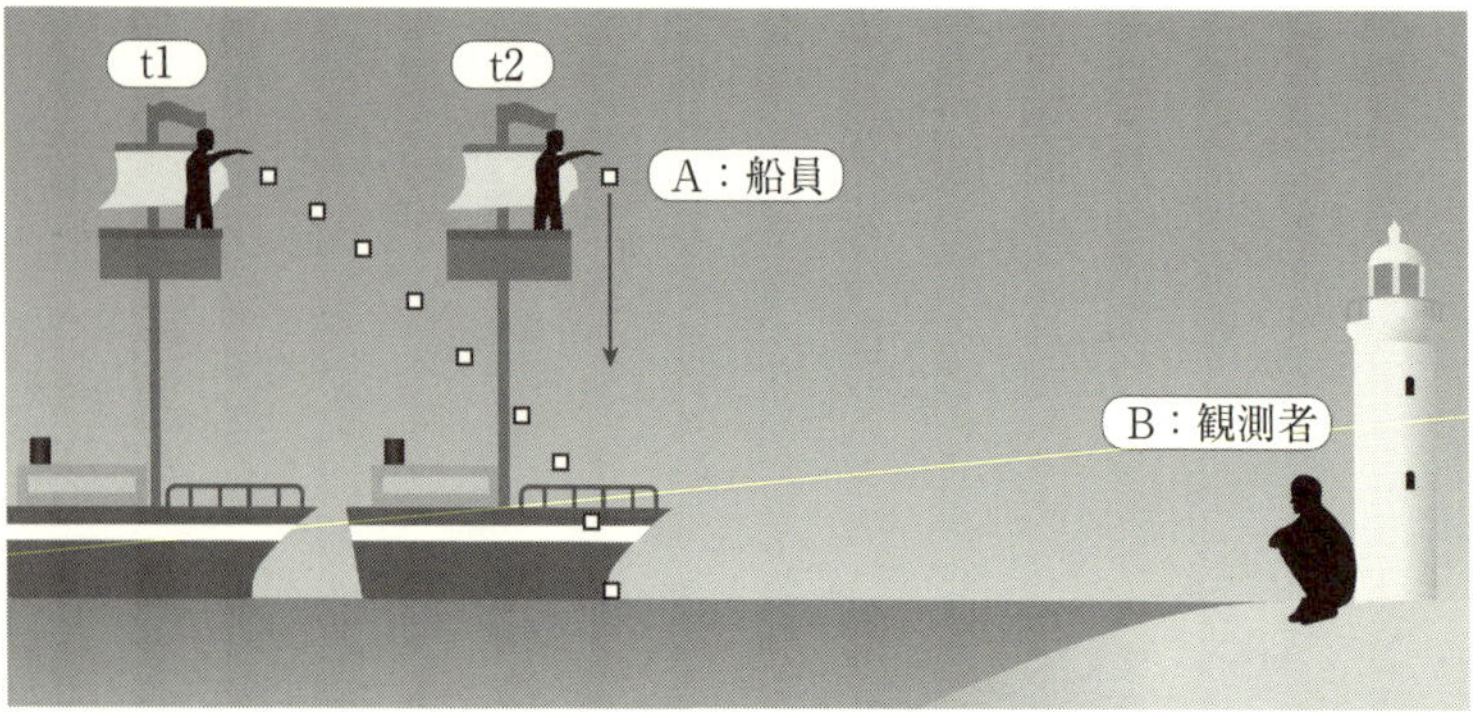

ガリレオの相対性理論

ブを描くように落下しているように見えました。これを上図に示しました。

一体どちらが正しいのでしょうか。ガリレオは、このどちらも正しいのだと説明しました。つまり、静止した環境の中で起こる運動と、動いている環境の中で起こる運動はそれぞれ見る立場によって違って見えるもので、それらの運動状態は相対的なものだと考えました。これがガリレオの言う相対性理論です。

ガリレオの相対性理論から新しい相対性理論へ
—物体が光速で運動すると、時間や長さの変わる世界が現れる—

相対性理論は、ガリレオが最初に提案したものであることは、前に述べました。ところが19世紀の末になると、光は何を媒体として伝搬しているのかということが議論

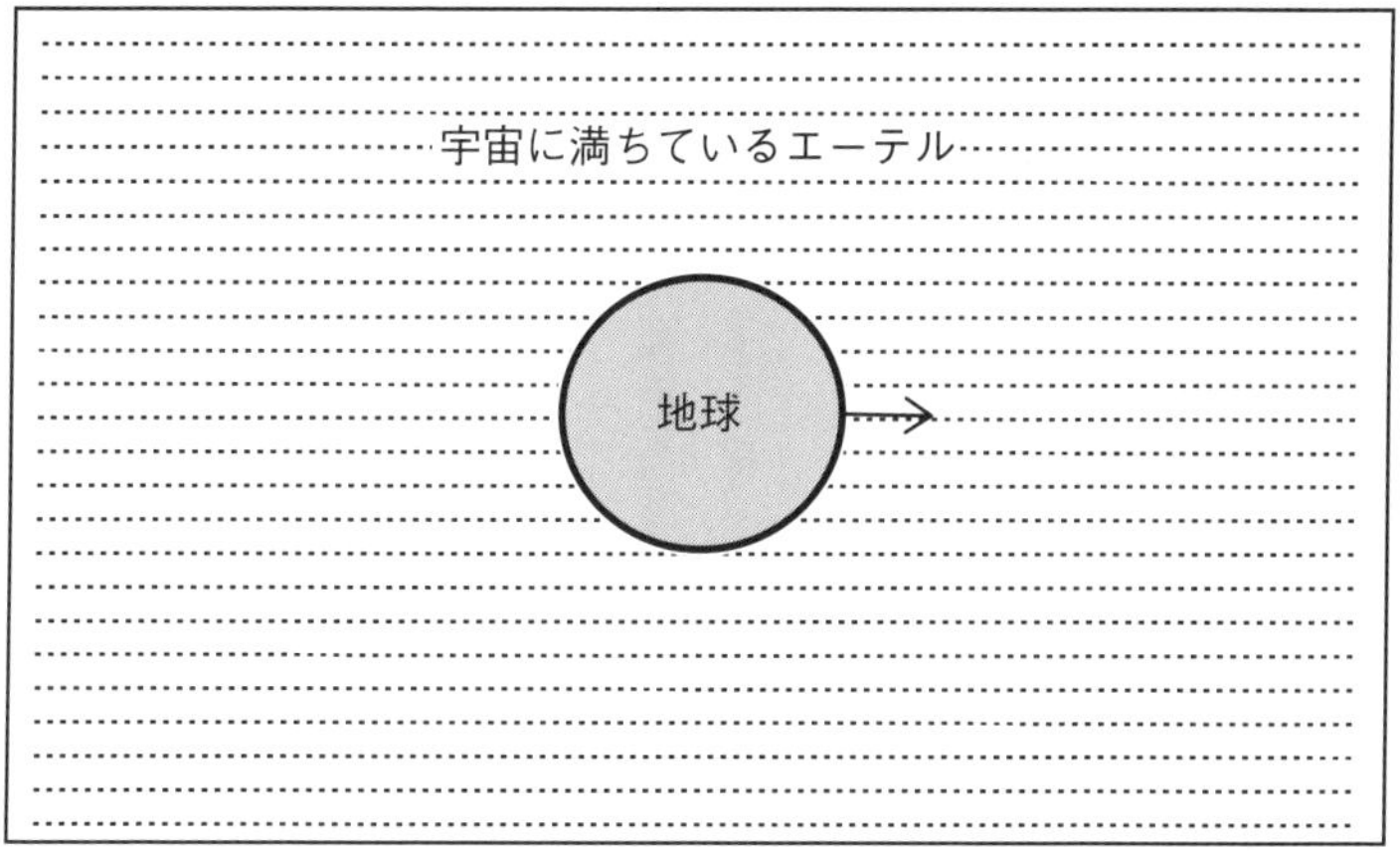

宇宙はエーテルに満ちている？

されるようになりました。

この時代までの常識では、波として伝搬する現象、例えば音や水面の波は、空気や水のような媒体を通して伝えられることが分かっていました。しかし、光を伝搬する媒体はまだ見つかっていませんでしたので、これをエーテルと名付けてその正体を多くの物理学者たちが探求していました。学者たちはエーテルは上図の様に宇宙に満ちているものと考えていました。

もし、宇宙がエーテルに満たされているとすると、地球上で光の速度を測定すればエーテルの存在が確認できるだろうと考えていたのです。例えば、自動車に音源を乗せて５００メートル先に反射板を置き、自動車から音を出しながら反射板に向かって走る場合を考えます。普通の場合、音を伝える媒質は空気です。しかし、この媒質をヘリウムに変えたとします。よくヘリウムの気体を口に入れて人間の声を高くする実験があります。空気とヘリウムの媒質で音の高さが違うのは平均分子量29の空気と分子量4のヘリウムではヘリウムの方が軽いので約3倍の速さで音が伝わり高い音になるためです。このように宇宙に何らかの媒質が存在するならば、光についても同じことが起こるのではないかと考えたのが、マイケルソンとモーリーでした。

マイケルソンとモーリーは地球上で光の速度を測定すると、地球の公転速度＋光速度 の測定値がエーテルを探求する何らかのきっかけになるものと考えていました。

そこでまず、地球の公転速度を考えます。

$$\text{地球の公転速度} = \frac{2 \times \pi \times \text{太陽－地球間の距離}}{365\text{日}} = \frac{30\text{km}}{\text{s}}$$

ですから、光をy方向（地球の公転方向）とx方向（公転する横方向）に分け、その違いを測定すれば、エーテルの中を進む光にどのような影響を与えているかが分かるはずだと、マイケルソンとモーリーは考えたのです。彼らは左図に示したような1つの光をハーフミラーによってx方向とy方向に分けその光を反射鏡で検知器に導き、x方向とy方向から反射してくる光が少しでも差があればそれを検知できるような装置を考案していました。この装置は非常に精度の高いものでした。地球の公転速度は光速の1万分の1（30km／30万km）ですから装置の測定精度がこれ以上であれば測定は可能です。彼らの造り上げた装置は1億分の1の精度があったと言われていますから、エーテルの検証には十分なものでした。その結果は予想して

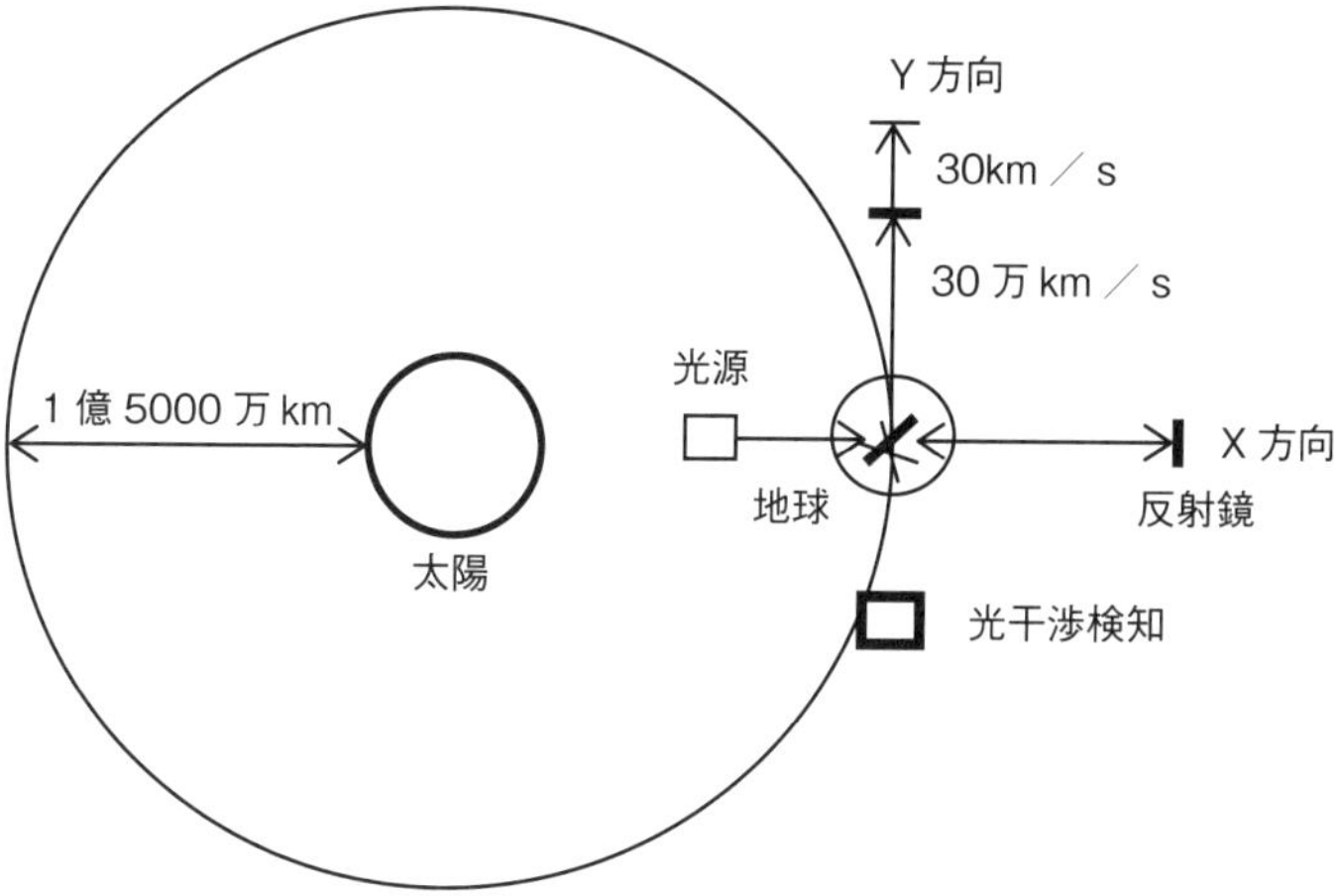

マイケルソン・モーリーの実験
この測定によって地球の公転方向のX方向とY方向の光速の測定値からエーテルの存在を確認しようとした

いたものとは全く違い、

y方向の光速度：30万km＋30km

x方向の光速度：30万km

ではなく、実験の結果は光の速度はx方向、y方向のいずれも30万kmと全く同じで、エーテルは存在しないという結論に至ったのです。この結果は物理学者たちを困惑させました。

この疑問を最初に解いたのは、オランダの物理学者ヘンドリック・ローレンツ（1853〜1928）でした。それは数学的に解かれたものなので簡単に説明できませんが、その数式はアインシュタインが求めた式（147ページ以降で紹介）と同じように、

$$\sqrt{1-\frac{v^2}{c^2}}$$

の比率で縮むという同じ結論を導いています。

このローレンツの理論が発表されたのは1904年でアインシュタインの相対性理論の1年前になります。ですから、アインシュタインの「相対性理論」はローレンツの理論を真似したものではないかと疑問に思われるかもしれません。しかし、アインシュタインのものは少し違うのです。前にピタゴラスの定理の解き方には多くの解き方があることをご紹介しましたが、アインシュタインの相対性理論は、解き方が全く違うもので光の速度を基準とする4次元の世界を考えるものでした。

ここでちょっとガリレオの相対性理論を改めて考えてみることにします。ガリレオの相対性理論では、これを説明するため、運動状態（一定速度運動する）のグラフと静止状態のグラフを別々に考えそれらを重ね合わせるような考え方です。この考え方をガリレオ変換と呼んでいます。

こう考えると、いま、一定速度v状態の中で、v′の速度で走っているものがあると、それは、v＋v′の速度で走っていると考えられます。

この考え方は私たちが日常的に感じている常識的なものと一致しています。例えば時速60キロの電車の中で電車の進行方向に時速10キロの速度でスケートボードに乗っている少年がいるとすると、その速度は60＋10＝70キロになります。ガリレオの相対性理論では、一般的に考えられるv＋v′ですからもし、地球上で光の速度を測定すると、光速＋地球公転速度＝c＋v′と

なる筈でした。ところがマイケルソンとモーリーの実験結果は、

$c+v'=c+v'$ ではなく、

$c+v'=c$ という不思議な結果が得られたのでした。

ローレンツが解いたのは、このガリレオが考えた２つの座標図を、静止状態の座標図と光速で運動する座標図とに作り替えたものです。これはローレンツ変換と呼ばれています。

ローレンツは光の速度で運動する状態の中で速度 v' で運動する物体は、新しい座標の変換方式、ローレンツ変換を用いると、

$$\ell=\sqrt{1-\frac{v^2}{c^2}}$$

の比率で縮むものと結論しました。これは、ローレンツ収縮と言われています。

これまで物理学者たちは、光の速度で運動する物体のことは考えたことがなかったのですが、光速cに近い状態で運動する場合はガリレオの相対性理論では説明できない世界があることが始めて認識されたのです。

多くの物理学者はエーテルが発見されなかったことに困惑しましたが、アインシュタインは最初から全く別の考え方を持っていました。それは、光が電磁波であるとすれば、エーテルの考えは必要なく、光速度を全ての現象の基準値である考えることによって相対性理論を説明で

ガリレオとアインシュタインの相対性の比較

条件		ガリレオの相対性	アインシュタイン、ローレンツの相対性
運動体の速度が光速の１％以下の場合		v+v′=v+v′ ただし、静止状態から見る人と運動状態から見る人では、相対的に違って見える	ガリレオと同じ vの速度が遅いと、ガリレオの計算と同じになるが、v=cではc+v′=cとなる
速度が光速に近い	運動体の時間	運動体の時間は不変である	運動体の時間は遅れる 時間は①式に従って遅れる ローレンツ：理論的にのみ起こる
速度が光速に近い	運動体の長さ	運動体の長さは不変である	運動体の長さは短くなる 長さは②式に従って縮小する ローレンツ：理論的にのみ起こる

きるとしたのです。

ガリレオの相対性理論とアインシュタイン、ローレンツの相対性理論のどこが違うのかちょっと分かり難いのでこれを表にしてみました。実は普段、私たちが感じている世界はガリレオが考えていた世界と同じなのです。アインシュタインが考えた世界は、ある乗物が光の速度で動いたらどの様になるかというものでした。その理論の結果は、乗物が光の速度に近づくと、時間が遅れたり、乗物の長さが縮じんだりするというものです。なーんだ相対性理論は日常の世界には全然関係ないんだと思われたかもしれません。

しかし、現代の科学では、宇宙や素粒子の問題を考える時に「相対性理論」は非常に重要なものになっています。また、これは後で述べますが、カーナビは相対性理論があったからこそ実用化された商品です。

アインシュタインの説明と予言

アインシュタインの相対性理論は難しいものですが、これから述べる実験結果の参考になるのでその数式を先に示しておきます。

$$t' = \frac{t}{\sqrt{1-\frac{v^2}{c^2}}}$$　時間の関係①

$$\ell' = \ell \times \sqrt{1-\frac{v^2}{c^2}}$$　長さの関係②

$$E = mc^2$$　質量とエネルギーの関係③

v：運動している物体の速度
c：光の速度
t：静止点で測った時間
t′：慣性系上で測った時間［運動している状態の物体の時間］

ℓ：静止点から測った距離

ℓ'：慣性系上で測った距離［運動している状態の物体の長さ］

E：エネルギー

m：物質の重さ［静止している時の質量］

アインシュタインが説明する世界は、ローレンツのものに似ていますがローレンツは、物体の長さが収縮したり、時間が延びたりするのは、単に理論の上のことで、実際に起こるものではないとしました。

しかし、アインシュタインは、もし、光速で運動する状態になれば、実際に物体は収縮し、時間も遅れると説明したのです。そしてさらに相対性理論から、

$E=mc^2$　つまり、エネルギー＝(質量)×(光速)^2

という問題も含まれていることを示しました。これらはガリレオが説いた「ガリレオの相対性原理」とは全く違ったものでした。

アインシュタインの予言ー3

①エーテルは必要ないという予言

アインシュタインが1905年6月に提出した論文、『運動している物体の電気力学』の中で「光は常に真空中を一定の速さcで伝搬し、この速さは光源の運動状態には無関係である。

このような意味で、〝光のエーテル〟を導入する必要はないこともわかるであろう」と書いています。

②$E=mc^2$についての予言

アインシュタインは１９０５年の９月に提出した論文の中で「エネルギー保有量が莫大な物体（たとえばラジウム塩）については、この理論の実験的なテストがうまくゆくものと思われる」と書いています。

③光の屈折についての予言

アインシュタインは１９１６年に提出した「一般相対性理論の基礎」の中で「太陽のそばを通過する光線は１・７秒角の湾曲を受ける」と書いています。

アインシュタインの３大論文の中で、相対性理論についてはあまりにも難解なので、これを実験的に証明してくれる学者はなかなか現れませんでした。アインシュタインは、１９０５年に提示した相対性理論をさらに発展させます。そして１９１６年に「一般相対性原理」の考えにたどりつくのです。その中で、天文学上疑問となっていた水星の近日点の移動の問題が相対性理論によって解決されることを発見しました。

水星の近日点とは、太陽の周りを回る水星の軌道が太陽に最も近づく点のことです。この水星の近日点は、ニュートン力学で計算しても、１００年あたり43秒角（角度を表す秒）のずれが生じてしまうという問題があったのです。これが、アインシュタインの相対性理論を用いるとピッタリ一致することが分かったのです。

このことを簡単に説明するのはちょっと無理なので、どうして天文学者たちがこの問題を放置していたかを説明しておきます。

それは、100年間でのずれが43秒角で、1度の1／3600ですから、1年では36万分の1×43度というわずかな〝ずれ〟しか起こらないので大した問題ではないと考えていたのです。そして、当時の天文学者たちは、この問題を解決する方法を考えつかなかったので無視してきたのです。

これを計算し数値がぴったり符号したことでアインシュタインは、これで相対性原理が認められると小躍りしたと言われています。この事実は、ごく一部の天文学者たちからは注目されましたが、このわずかな一致だけで相対性原理を認めてくれる学者はほとんどいませんでした。

しかし、アインシュタインの予言癖が幸運を生むことになります。それは「光の屈折についての予言」が軟禁中であった天文学者エディントンの目にとまったことで、これは前に紹介したとおりです。

これはアインシュタインの予言－3の③に示したもので、1916年に提出した相対性理論についてのものですが、1905年の論文はあまりにも具体的証明性に欠け実験できるような内容が含まれていなかったのです。この難解だと言われた相対性理論が実験的に証明しようとする動きに変わったのは、③の予言であれば日食の観測から証明できると考えられるようになったためです。

では、最初に相対性理論の証明に挑戦し、日食観測を行ったエディントンの実験から述べていくことにします。

日食観測によるエディントンの証明

エディントンがアフリカのプリンシペ島で日食観測を行い、その結果相対性理論が証明されたことは前に述べました。

その時の観測では、写真乾板に写った日食時の星の位置と、同じ地点で同じ位置に観測される実際の夜空と比較したと言われています。アインシュタインの一般相対性理論によると、星の光が太陽の重力の影響を受け太陽の後ろ側にある星の光が見えるというのです。これを次ページに示します。

この時のエディントンの測定値は、１・６１±０・３０というものでした。ところがこの値は誤差が多すぎて相対性理論の証明にならないという物理学者たちの反論もあり、すぐには決着はつきませんでした。

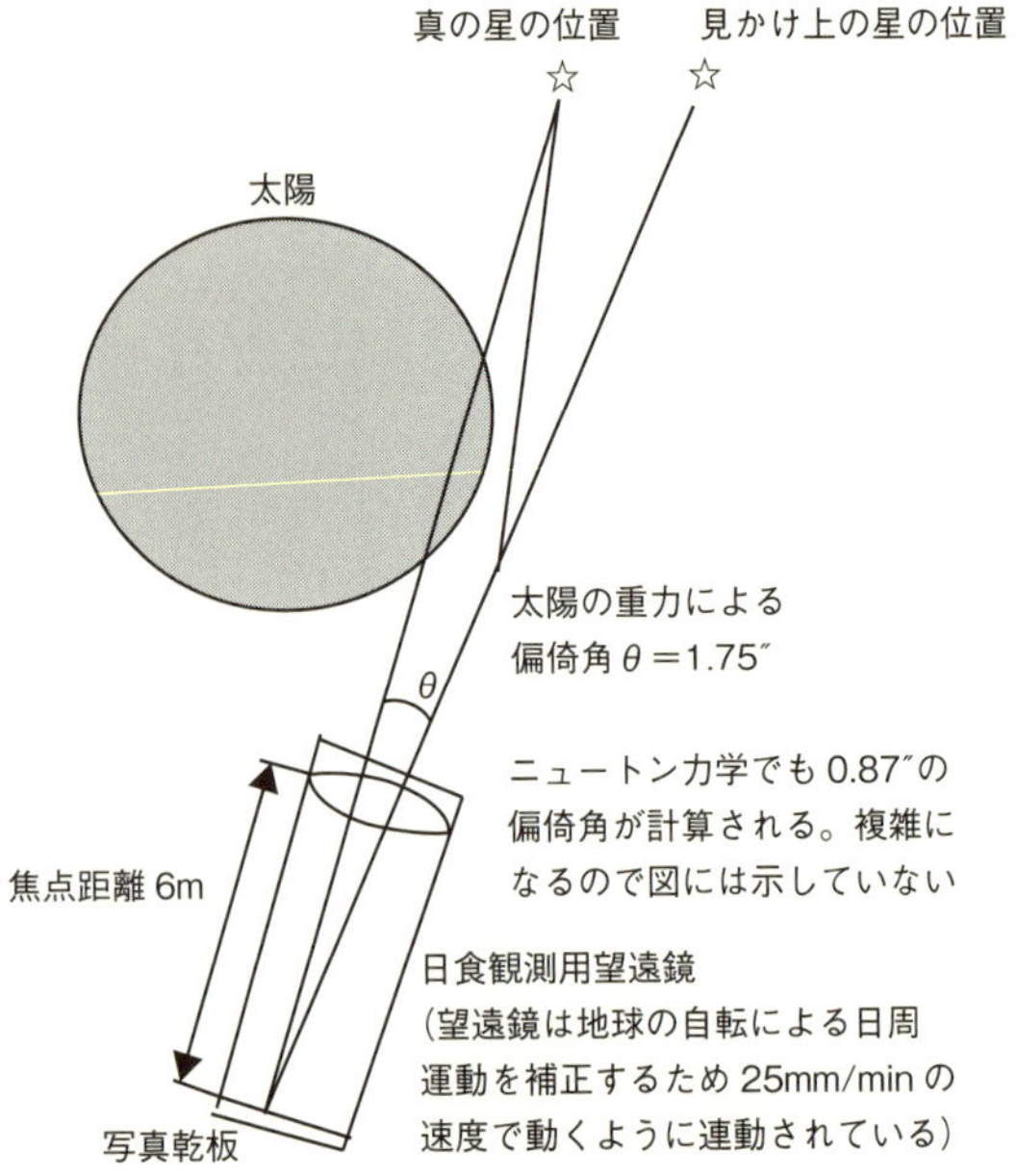

エディントンの日食観測

その後１９２２年の日食時のアメリカの天文学者たちの観測結果がありますので、それを左ページ右上図に示しておきました。この図の矢印の始めの点は日食前に観測された星の位置です。そして矢印の先の点は日食の際に観測された同じ星の位置です。

　この図を見ると明らかに星の光は屈折を受けていることが分かります。しかし、この時の観測でも誤差値はエディントンの結果と大差はありませんでした。その後も１９６０年代までに観測された結果はほとんど同じでした。その理由は日食時のコロナの影響によるためです。日食時に現

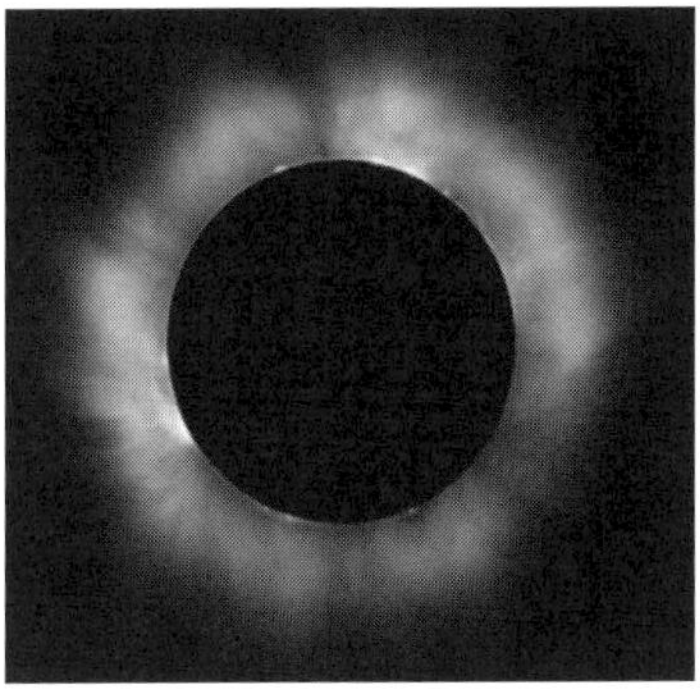

日食で観測されるコロナ

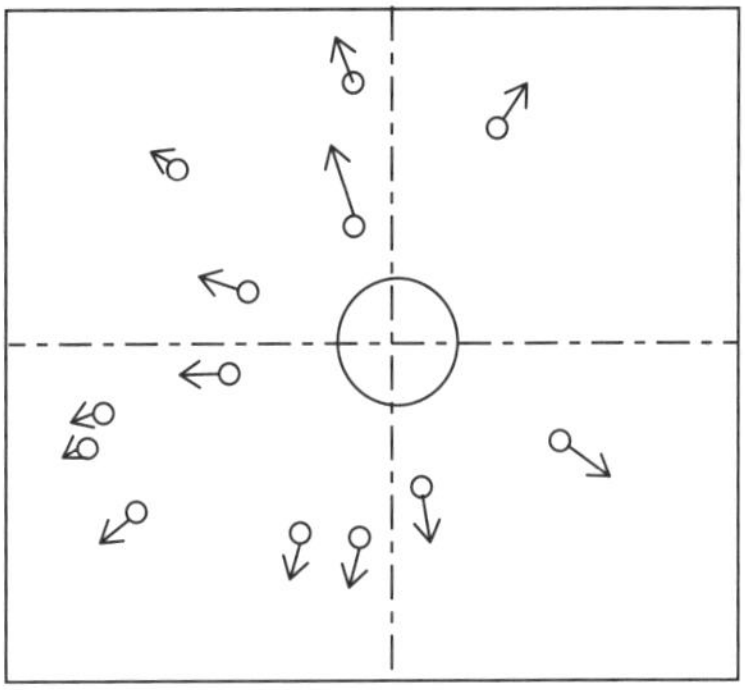

1922年の日食で観測された星の光のずれ

れるコロナの明るさのために太陽の近くを通る星の光が正確に観測できないことでした。コロナ現象は左上図のように現れます。

　この問題が解決されるようになったのは、1970年代に入ってからでした。それは、電波望遠鏡が開発されたからです。

　電波望遠鏡は光で観測するのではなく電波で観測するため、コロナの影響を受けません。また太陽は毎日通る軌道が違いますが、1年間の間には同じ軌道（黄道）を通るので、特定の星からの信号を電波として受け取りその信号が太陽が近くを通るときに屈折を受ける量を測定するものです。ただし実際の測定では、太陽の重力の影響を受ける星と、太陽の重力の影響を受けない星2つの星を探さなければなりません。

　その後の研究によって幸いこの2つの星が見つけられています。現在の電波望遠鏡による測定では、その誤差が0・1%までの精度が得られています。

そして、エディントンの日食観測の結果は当時としてはかなり精度の高いものであったことも証明されています。

$E=mc^2$を証明した女性科学者たち

$E=mc^2$の意味に気付いたキュリー夫人

$E=mc^2$は、質量を持った物質は膨大なエネルギーを秘めていることを示したものです。1905年にこの論文が発表されたとき、その重要性にいち早く気付いたのはある一人の女性科学者でした。彼女こそ、ラジウムからの放射線を発見したマリー・キュリーでした。

キュリー夫人は理論的にアインシュタインの式を理解した訳ではありませんでした。しかし、ラジウムがなぜ放射線を放出するようなエネルギーをもっているかを大変不思議に思っていたのです。アインシュタインの論文では、そのエネルギーのもとは$E=mc^2$であると書かれていましたので、このことを理解したと言われています。

このことからキュリー夫人は、アインシュタインの資質を認めることになりました。キュリー夫人が$E=mc^2$の理論を十分に理解していたのかどうかはよく分かっていませんが、アインシュタインがスイス特許局を辞任し、大学教授になった後、当時、特定の推薦人がいないと出席できないと言われていた有名な学会「ソルヴェー会議」に出席できるよう、マックス・プランクと共にまだ物理学者として無名に近かったアインシュタインを推挙していた経緯があります。このことから、キュリー夫人はアインシュタインの物理学者としての才能を認めていたのだと言われています。

リーゼ・マイトナーによる$E=mc^2$の理論的解明

多くの人にアインシュタインの相対性理論の中で最も実験が難しいと思われていた$E=mc^2$。ところがこの最も実験が難しいと思われていた$E=mc^2$が実際に証明される事件が起こったのです。

ここにはリーゼ・マイトナーというユダヤ系の女性物理学者がかかわっています。マイトナーは大学卒業後ドイツでオットー・ハーン（１８７９～１９６８、化学者、物理学者）の下で助手として研究を行っていました。この頃、元素に中性子を照射すると新しい物質が創られるということが分かるようになってきました。彼らの実験はウランに中性子を照射するというものでした。

１９３８年になるとマイトナーはユダヤ系であるという理由からドイツを追われることになり、スウェーデンに亡命しました。一方ハーンはこの研究を続けていました。彼らの研究計画によると、ウランに中性子を照射するとウランより質量の大きい元素が生まれるはずでした。

ところが、実際にはバリウムの新しい3つの元素が見つかっただけでした。ハーンは化学者でしたのでこの結果が示す真実をよく理解できませんでした。

そこで、物理学に詳しいマイトナーに手紙で助言を求めたのです。マイトナーはこれには物理学的に重要な要素が隠されていると直感しました。そこで、実験に使ったウランの質量と3種類のバリウムの質量を計算してみたのです。すると、出来上がったバリウムの合計ではほんのわずかな質量（Δm）だけ足りないことが分かりました。

マイトナーは以前アインシュタインの$E=mc^2$の理論を講演で聞く機会がありその講演内容をよく覚えていました。そこで、これは核分裂が起こったもので、わずかに欠損した質量Δmでも、$E=\Delta mc^2$という膨大なエネルギーが放出されるはずだと予測し、これが論理的計算値とピッタリ一致することから、この現象はアインシュタインの$E=mc^2$の理論に基づくものだということを確信しました。そして、マイトナーはこのことを手紙でハーンに知らせました。

オットー・ハーンはこれを論文として発表し、1944年度のノーベル化学賞を受賞しています。しかし、ここにはリーゼ・マイトナーの名前はありませんでした。このことは、後にオットー・ハーンと共にリーゼ・マイトナーにもノーベル賞が与えられるべきだったのではないのか等の論争がなされています。その後、リーゼ・マイトナーにも何等かの栄誉が与えられるべきだという機運も高まり、109番目の元素が発見された際、この元素にマイトネリウムという名前が付けられています。もしリーゼ・マイトナーが存在していなければ、$E=mc^2$が実験的に証明されることは困難だったと思われます。

$E = mc^2$ の研究はその後、原子爆弾の開発、原子力発電の開発へと進んでいくことになります。オットー・ハーンの論文は１９３８年の暮れに発表されます。この論文は当時の物理学者に衝撃を与えます。これはウランに中性子を照射すると原子核が２つに分裂し、その際に膨大なエネルギーを放出することを意味していたからです。

このニュースは世界中に知れ渡り、この原理を用いた爆弾の開発が各国で始まったのです。このことを一番心配したのはアインシュタイン自身でした。アインシュタインは、ドイツのヒトラーがこの技術を手にしたら大変なことになると考えました。そして友人の勧めもあって、アメリカのルーズベルト大統領に原子爆弾の研究に着手するよう訴える内容の手紙を送ります。１９３９年6月2日のことでした。アメリカは直ちにマンハッタン計画を立て１９４２年頃から原子爆弾の研究に着手します。そして１９４５年に原子爆弾の開発に成功します。その２発の爆弾が日本の広島と長崎に落とされたのです。このことについてアインシュタインはずっと悔悟の念を持っていたと言われています。日本人で最初にノーベル賞を受賞した湯川秀樹博士がアメリカのプリンストン高等研究所に客員教授として赴任した際、すぐアインシュタインが湯川の部屋を訪ねてきて深々と礼をして、「自分の考え方の浅さが日本人に多大な被害を与えることになった、大変申し訳のないことをしてしまった」と謝罪したと言われています。

宇宙線による浦島現象の証明（相対性理論の時間の関係）

皆さんは浦島太郎の話をご存じだと思います。竜宮城から帰ってきた浦島太郎が乙姫様からおみやげとして貰った「玉手箱」を開けると煙が立ち上り老人になってしまうというお話しです。浦島太郎が短いと思っていた竜宮城で過ごしていた時間が、実は長い時間だったというわけです。

相対性理論では、光の速度で進んでいる人は年をとらないということになります。これについては長い間多くの人の間で議論されてきましたが、このようなおかしな現象が起こるはずがないというのが大方の意見でした。

この浦島現象は、１９３６年にアンダーソンらの実験によって上空1万メートルにあるミューオンという素粒子によって証明されたのです。ミューオンは上空の空気と宇宙線（銀河系等から飛来する高エネルギー放射線）が衝突することによって作られます。

１９３７年に日本の物理学者、仁科芳雄（１８９０～１９５１、湯川秀樹や朝永振一郎を育てた学者）が地上でミューオンを作ることに成功しました。これは光の進む距離から計算すると、わずか６６０メートル進む間に消滅してしまうのです。ところがその後、地上でもミューオンが見つかることから、地上まで飛んできた宇宙線からミューオンが作られることもあると考えられていました。しかし、研究を進めるとミューオンが地上で自然に作られることはありえないことが分かりました。

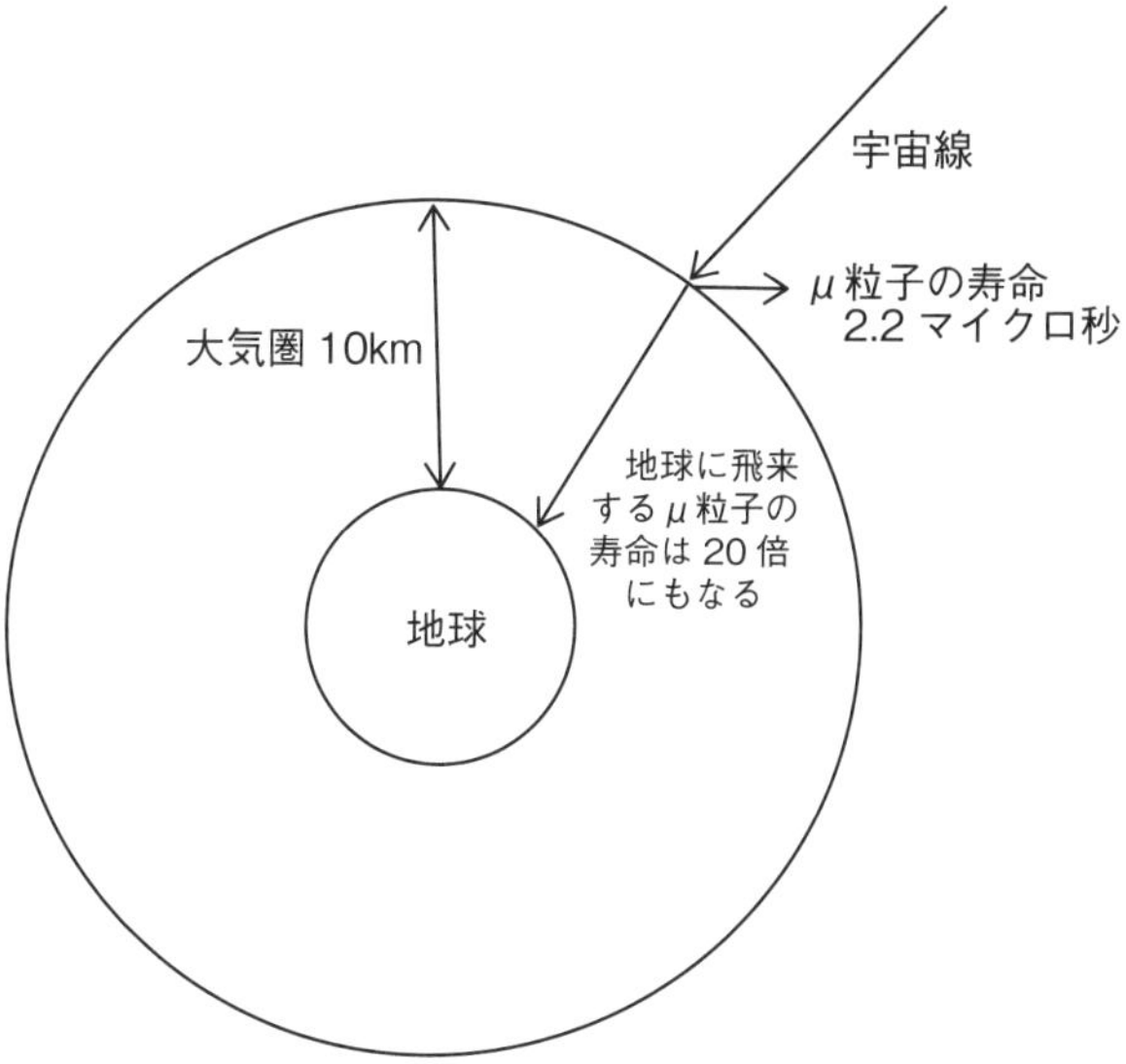

ミューオン粒子が示す浦島効果

１万メートル上空でしか作られず、６６０メートルしか活動できないはずの粒子がどうして地上にあるのか、大いなる謎でした。

そこで、このミューオンの移動距離の謎を解くカギが相対性理論にあるのではないかと考えた物理学者の一人が、アインシュタインの相対性理論の式　$t'=\dfrac{t}{\sqrt{1-\dfrac{v^2}{c^2}}}$　を使って計算してみました。

ミューオンの寿命は２・２マイクロ秒ですが、宇宙で創生された後この粒子が光速の99・88％の速度で走るとして計算すると、

$$t'=\frac{2.2\times10^{-6}}{\sqrt{1-(0.9988)^2}}=\frac{2.2\times10^{-6}}{0.049}=44\times10^{-6}$$

と寿命が44マイクロまで延びることになります。寿命が20倍に延びた訳ですから、距離も20倍進めるわけで　660×20＝13km　となり

ミューオンが地球までたどりつくことが可能であることが証明されたのです。このことは、粒子が光の速度で走ると寿命が延びる浦島効果が現実に起こり得ることを最初に証明した実験でした。

もう一度、浦島太郎の物語で考えてみましょう。浦島太郎は亀を助けたお礼に竜宮城に招待され、そこで大歓迎を受けます。

浦島太郎はそこで、ほんのわずかの間過ごしただけだと言っています。問題はその竜宮城がどこに存在していたかということです。例えばその場所が光の速度で1年間かかる場所（1光年の距離）にあったとすると、ミューオンの場合で計算されるように20倍寿命が延びますから、1年の時間が20年に延びます。つまり、地球上での20年が浦島太郎にとっては、たった1年だったことになります。そして、この距離を往復することを考えると40年の歳月を過ごしたことになります。もし浦島太郎が海で亀を助けたのが30歳であったとすると、竜宮城から帰ってきたときの歳は地球上では70歳になってしまっているわけです。

本当にこんなことが起こり得るかどうかという問題です。アインシュタインが相対性理論を発表した当時、こんなバカげたことは起こり得ないので、相対性理論は間違った理論であると批判されました。

しかし、これは起こり得る現象であることが次第に分かってきました。そして、このことがカーナビゲーションシステムの原理に採用されるようになっています。

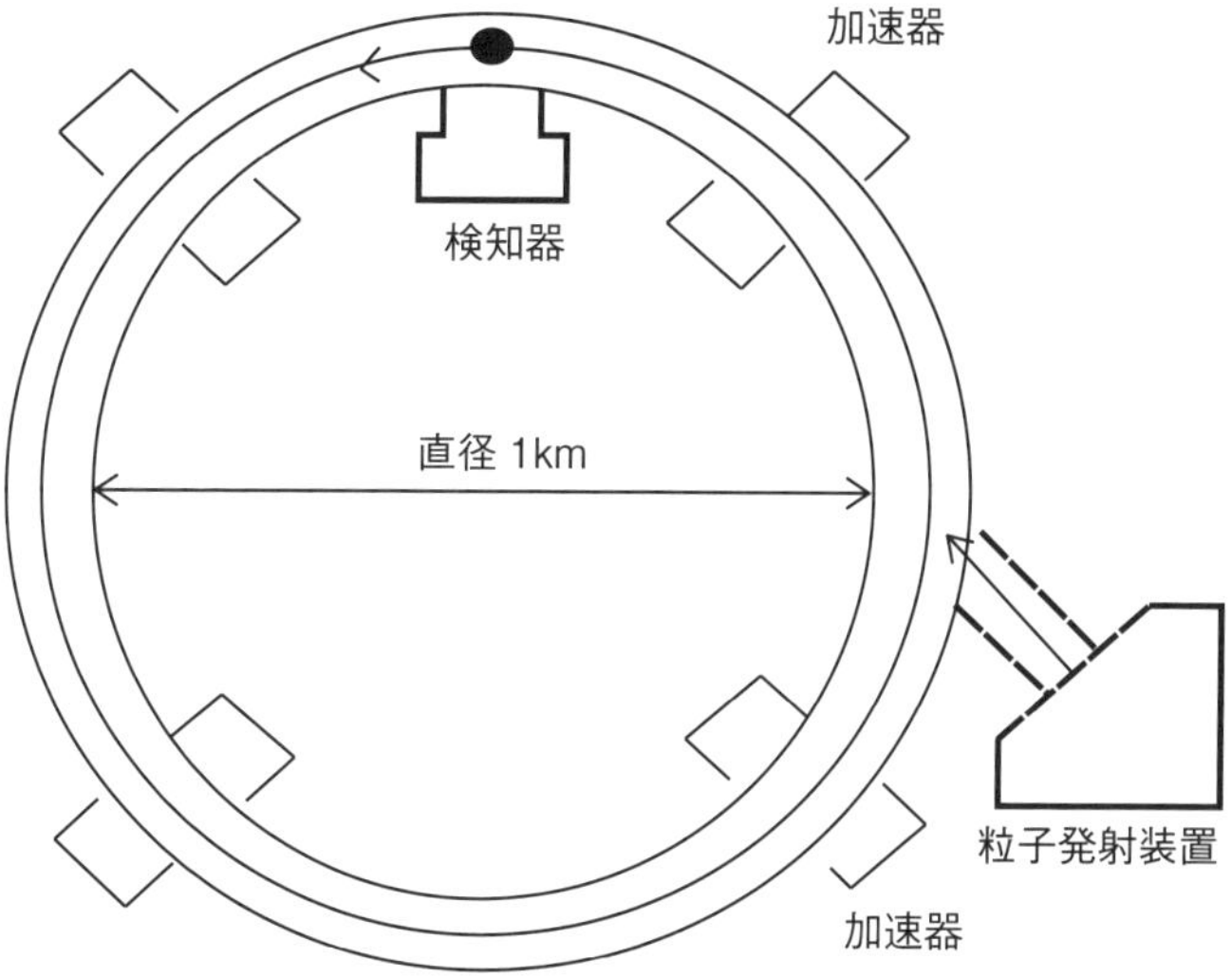

電子を加速器で加速する
電子を光速まで加速すると無限大の重さになる

加速器を用いた光速度限界の証明

核物理学では荷電粒子を加速衝突させて研究するためのサイクロトロンという上図のような円形の軌道を持った加速器が使われています。この装置の大きいものでは山手線位の大きさのものもあります。

これを使って電子を加速させた筑波の高エネルギー研究所の報告を次にご紹介します。

この時、考慮されたのはアインシュタインの相対性の関係と電子の質量の関係です。式で示すと、

$$\frac{m}{m_0}=\frac{1}{\sqrt{1-\frac{v^2}{c^2}}}$$

m_0：電子の静止質量
m：運動している電子の質量
v：運動している電子の速度
c：光の速度

これを計算してみると、上の表のようになります。このように電子の速度を光速の90%、99%、99・99%と上げていくと、$\frac{m}{m_0}$ つまり静止している電子の質量m_0に対して運動している電子の質量mがどんどん重くなっていくことが上の表から分かります。電子の質量は　9.1×10^{-34}g　と非常に軽いのですが、サイクロトロンで加速されるとどんどん重くなるのです。そして最終的には光の速度まで上げようとしても、前の式から

電子を光速に近づけた時の質量の増加

電子の速度 v	$\frac{m}{m_0}$
光速の90%	2.29
光速の99%	7.14
光速の99.9%	22.37
光速の99.99%	70.9
光速の99.999%	223.61
光速に達すると	∞

$$m = m_0 \times \frac{1}{\sqrt{1-\left(\frac{1}{1}\right)^2}} = mox\,\frac{1}{1-1}$$
$$= m_0 \times \frac{1}{0} = \infty\,(\text{無限大})$$

となってしまいますから、光速度には到達出来ないことが分かります。この高エネルギー研究所の報告を聞いたとき筆者は、「サイクロトロンの実験で電子の速度を光速に到達せさせることが出来なかったことで、相対性理論がこんなに身近に感じられることはなかった」と研究所の講師が話しておられたのが大変印象に残っています。

カーナビによる相対性理論の証明

これまで相対性理論は物理学者の扱う難解な学問で、一般の人々の生活には関係ないものと思われてきました。ところが現在皆さんが便利に活用されているカーナビゲーションシステムは相対性理論なしには成り立ちません。ではその仕組みを考えてみましょう。

カーナビは、現在ＧＰＳ（Global Positioning System）衛星を用いる方式で使用されています。

しかし当初は船の羅針盤のように方位磁石を使う方式が研究されてきたのです。ところが、20年以上研究を重ねてもあまり精度が上がらずにストップしてしまいました。そこで今度はGPSを利用しようという流れになったのです。

GPSは、アメリカ国防総省が軍事目的で開発したものですが、その後民間用に開放されました。それが現在のカーナビに活用されています。GPSが民間に開放された時点では、これから述べる相対性論的補正はすでに行われていたようです。

カーナビの役割は、

①GPSからの電波で、自分の車の位置を知る。
②車の向かう場所を知る。
③車の移動距離を知る。
④ナビの画像を地図データと照合する。

となります。この中で相対性理論と関係があるのは①のGPSシステムに関係する部分です。

このシステムをもう少し詳しく述べておきます。

1971年アメリカ人のジョセフ・ヘィフェルとリチャード・キーティングによって高速度で飛行するジェット機内の時間が地球上の時間と僅かな誤差があることが見出されました。精度の高いセシウム原子時計を地球上と1万メートルの上空のジェット機に設置し、その誤差が計測されたのです。その結果、ジェット機上の時計は地球上の時計よりも、約10億分の0・5

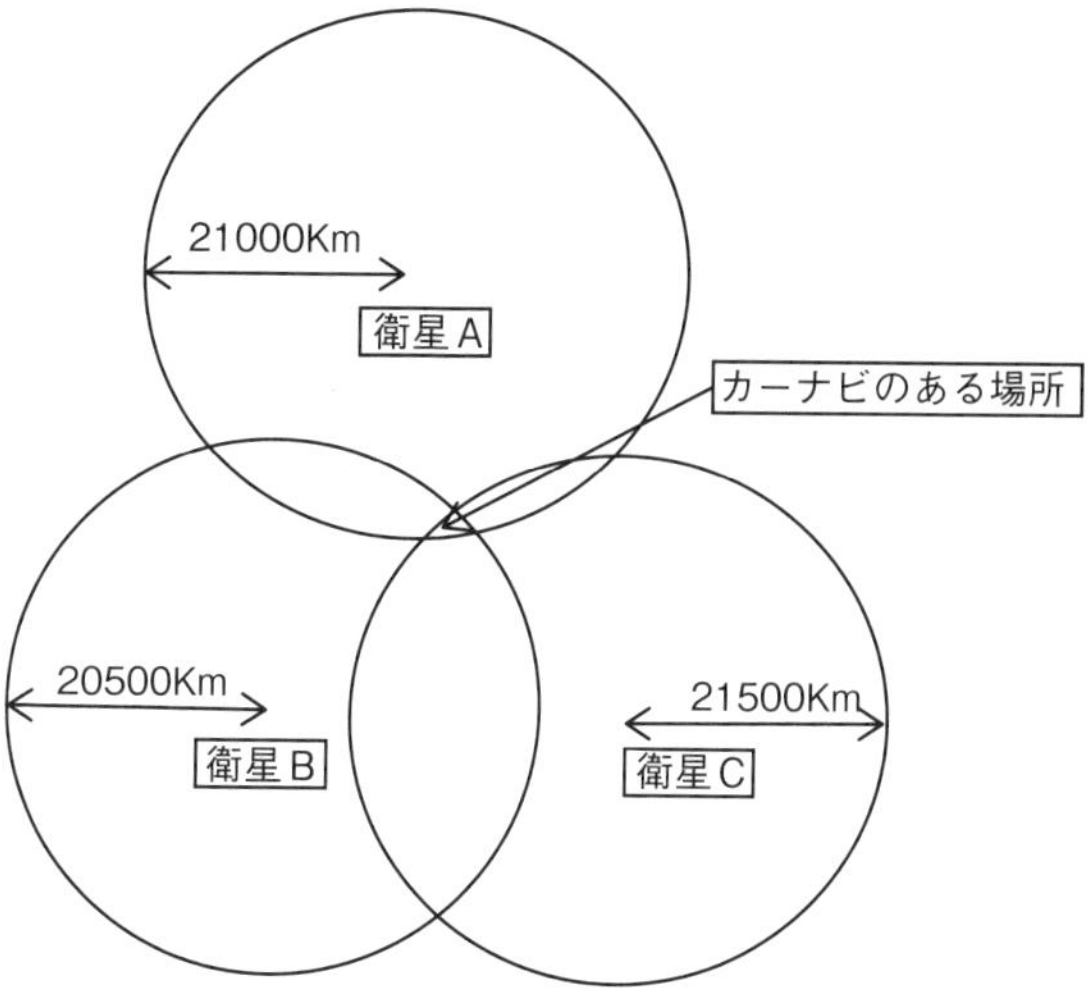

カーナビの原理：衛星 A, B, C からの各電波が交わるところがカーナビが存在している場所として認識される

秒早く進むことが分かりました。この値は非常に小さいものです。しかし衛星から地上位置を正確に知るといった場合、その精度には大きな障害となってしまいます。しかしその後の研究で誤差の数字が、アインシュタインの相対性理論の計算値と完全に一致することが分かったのです。

そこで、ここではGPS衛星と車に搭載されたカーナビのシステムを紹介しておきましょう。GPS衛星で車の位置を特定するためには少なくとも、上図のように3台のGPS衛星が必要になります。

図では衛星A、衛星B、衛星Cからの電波が交わる点が車の位置を示しています。これは3次元空間のx、y、zを示しているのですが、地球上の緯度、経度、高度を表していると考えた方が分かりやすいかもしれません。そして、さらに時間を確認するための衛星Dからの信号が必要で、この信号をtとすると、x、y、z、tの四つの信号が交わる点をカーナビ内の計算機で計算して位置を決定しているのです。

この4機のGPSを常に一定の位置に停止させておくためには、地球の自転と同じく24時間で1周するようにすれば良いのですが、正確さを保つためには各地域で4機ずつのGPSが必要になり、地球の全地域では多数のGPSが必要になってしまいます。そのため、上図に示したように地球を周回する6個の軌道を定め、各軌道に4機のGPSを配置し、それらが12時間で1周するようなシステムが現在は作られています。つまり4×6＝24機のGPSで地球上のどの地点でもその組み合わせにより必ず4機以上のGPSからの信号を受信できるようになっているわけです。

ここからがGPSと相対性理論との関わりです。GPSからの信号で距離を測る方法は「距離＝電波の速度×電波が届く時間」となります。

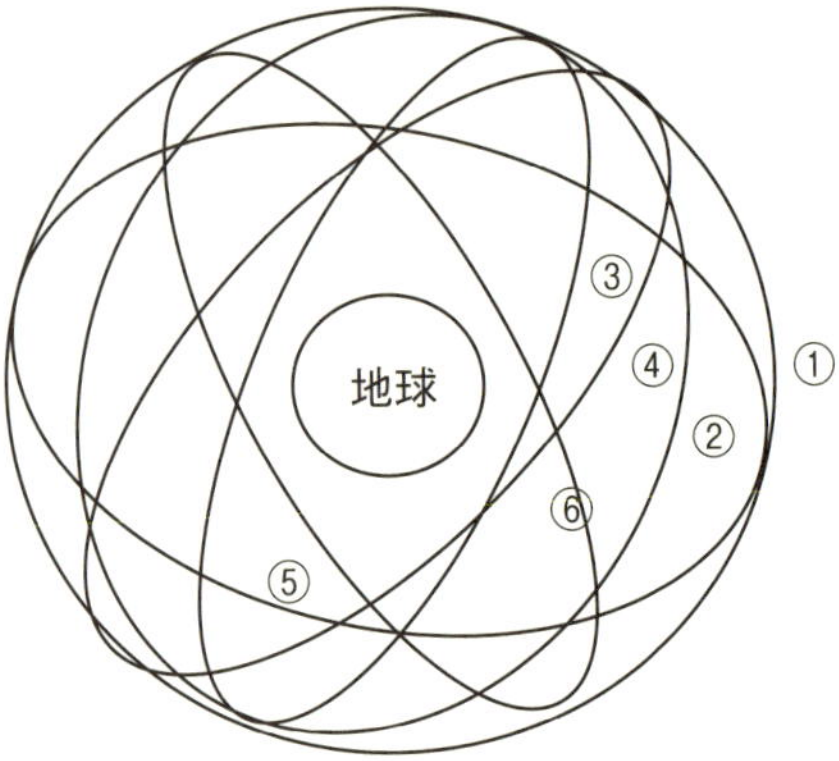

GPSシステムは1軌道に4機ずつ、6軌道に配置された24機によって地球全体をカバーしている

この式の中で最も重要なのは「電波が届く時間」なのです。そのため、GPSには正確な原子時計が搭載されています。しかし、相対性の効果によって時計の〝ずれ〟が問題になるのです。例えば今仮にGPSと地上の時計が相対性の効果によって0・00001秒の誤差があると、

電波の進む誤差分＝電波の速度×誤差分
＝30万km×0.00001
＝3000m

となります。このように電波で距離を測ることを原理としているものは、わずかな誤差でも問題になるのです。

そこで、相対性理論から生じる誤差の問題を考えてみます。この誤差には2種類のものがあるとされています。それは、

GPS衛星の速度による時計の遅れ	−0.084　ナノ秒
GPS衛星の重力による時計の進み	＋0.529　ナノ秒
合計	＋0.445　ナノ秒

であることが分かっています。これらはどのようにして測られたのでしょうか？

GPS衛星内の時計の遅れ（特殊相対性の効果）

運動物体が非常に速い速度で動くと時間が遅れる現象があるのは、浦島効果に示したとおり

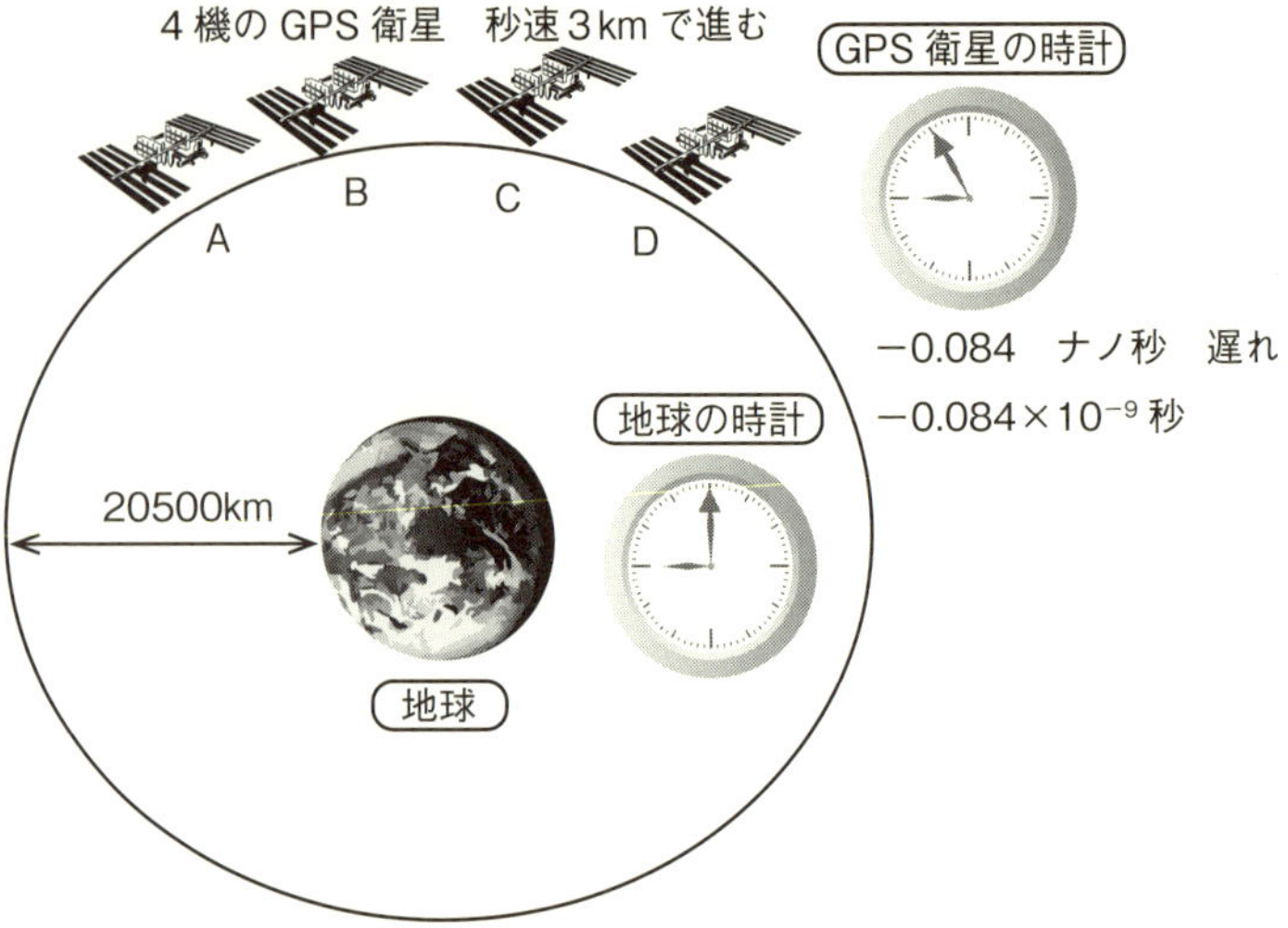

特殊相対性理論によるGPS内の時間の遅れ

です。このことはジェット機内の時計が地上と時計と違っていることから予測されていました。GPS衛星は秒速約3㎞の速度で飛行しています。これをアインシュタインの関係式で求めると、0・084ナノ秒遅れがあることが分かります。

これを上図に示しました。この効果は前に述べた〝宇宙線による浦島効果〟と同じものです。ただ、時間の誤差はそれだけで無いことも分かりました。それが次に述べる「一般相対性の効果」です。

GPS衛星内の時間の進み（一般相対性理論の効果）

これは、「一般相対性理論」で論じられる時間の誤差の問題となります。これを説明するの

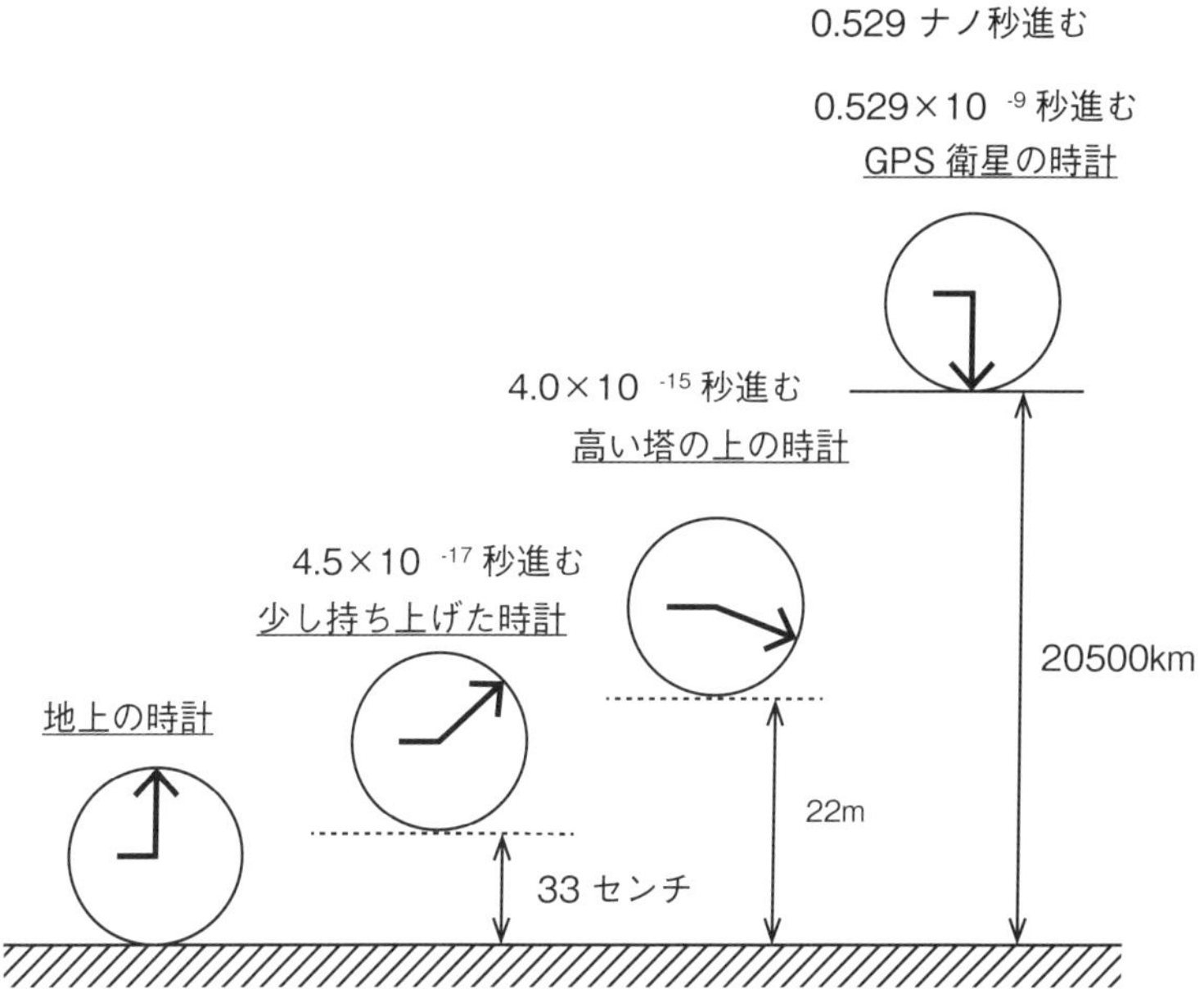

一般相対性理論の重力による GPS の時間の進み

は難しいのですが、簡単に言うと重力の影響によって時間に誤差が生じるのです。これは地球からどの位離れた距離にあるかで変わってきます。実際に時計をいろいろな高さに持ち上げると、どの位時間が違ってくるかを示した実験結果がありますので上図に示しておきます。

一番左の時計は地球上の時計です。

その隣の２番目の時計は、地上から33センチ持ち上げた時計です。これは２０１０年に行われた、米国立標準技術研究所の物理学者たちの実験によるものです。その時計の進みは4.5×10^{-17}秒でした。

３番目の時計は、１９６０年にハーバード大学で行われた実験で、高さ22メートルまで持ち上げた時の測定結果です。その時計の進みは、4×10^{-15} 秒でした。

4番目の時計は、高度2万500キロメートルのGPS内の時計です。

その時計の進みは、0.529×10^{-9} 秒です。

これから分かるように、地球から遠ざかるほど、つまり地球の重力から離れるほど、「時計がどんどん進む」ようになります。

これらの結果から、「特殊相対性理論」による誤差と「一般相対性理論」による誤差の合計、+0・455ナノ秒の誤差分が、電波の進む距離30万キロメートルに掛け算されるので、車の位置を示す時の誤差が大きくなってしまうわけです。カーナビはGPS衛星のシステムで生じるこの誤差を、相対性理論によって計算し修正しているのです。

この2つの相対性効果の誤差から誤差分の距離を計算すると、

1秒当たりの距離
$= 30万km \times 0.445 \times 10^{-9}$
$= 0.13m$

となり、あまり大きな誤差とは考えられないかもしれません。しかし、これは時間が経つと累積されるものですから、1時間で468m、12時間で11㎞となり、時間が進むに従ってカーナビとしての機能をはたさなくなってしまうわけです。このため、GPS内の原子時計装置では、相対性理論による補正が行わるようになったのです。

中学生の知識で分かるアインシュタインの相対性理論

ピタゴラスの定理による相対論の説明

アインシュタインの相対性理論を分かっていただくために、ここでは有名な物理学者たちが行った中で最も易しい理論を紹介します。これは、プラハ大学でアインシュタインの後任教授を務めた、理論物理学者フィリップ・フランク（１８８４～１９６６）によるものです。アインシュタインはフランクを自分の後任教授として推薦しています。

フランクによると相対性理論は、ピタゴラスの定理で説明できると言うのです。ここで第２章で紹介したピタゴラスの定理を思い出してください。

まず、その考え方を示してみます。次ページにフランクが相対性理論を説明するために使った「思実験考装置」を示しました。

これはあくまでも〝頭の中で考えた実験〟です。まず、図の記号の意味を説明しておきます。

Ⓢ：光源

Ｍ：光源Ⓢから15万㎞離れた位置に置かれた鏡

ℓ：ⓈからＭまでの距離：15万㎞

ℓ′：ⓈとＭが同じ速度で横方向に動いた場合、光がＬ点のⓈから放出されＭまで進む距離

Ｌ：Ⓢが静止状態にある点

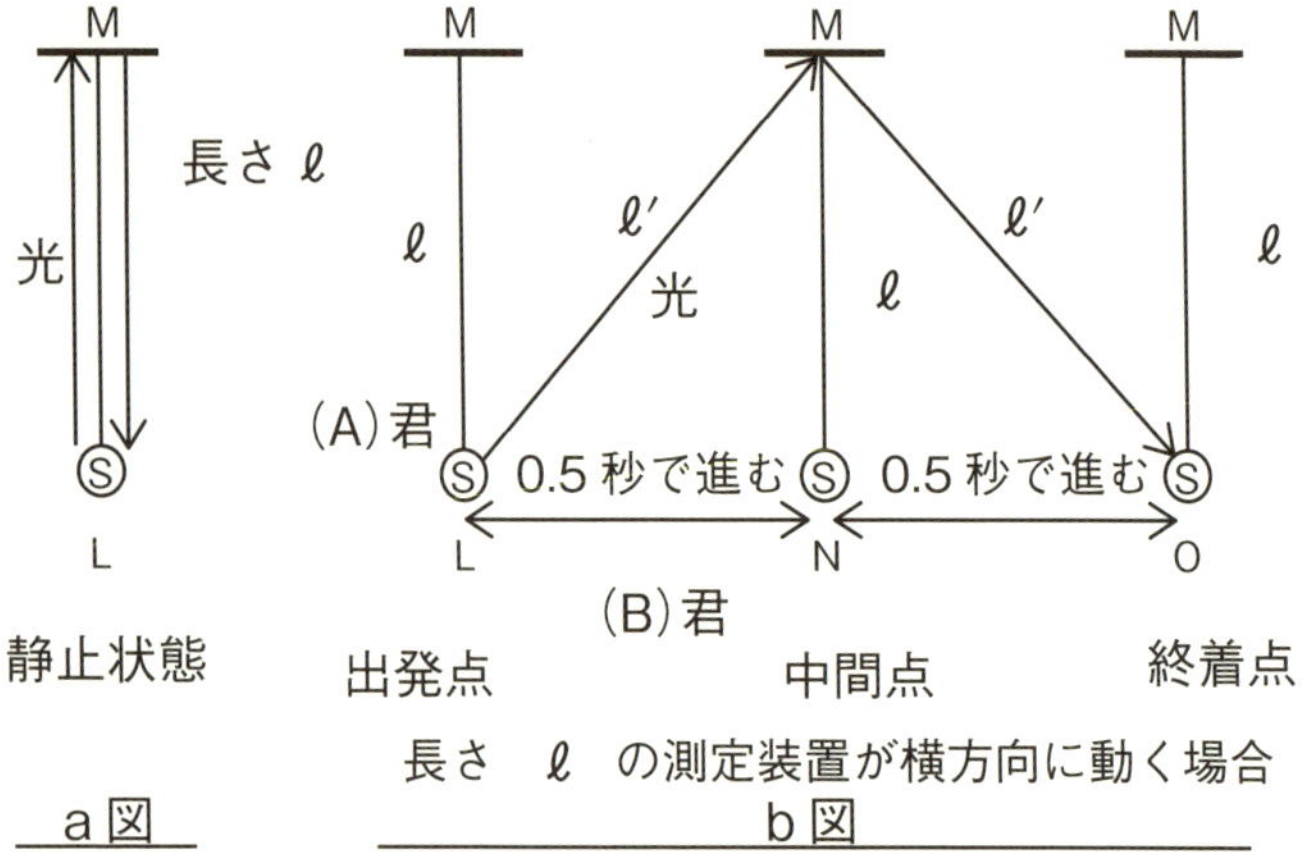

フランク先生の相対性理論を説明する図
相対性理論を説明する、光源と反射鏡だけで作られた思考実験装置

N：0・5秒でⓈが到達する点
O：1秒でⓈが到達する点

この実験には2人の観測者がおり、A君は移動するⓈのそばで観測し、B君は静止状態で観測するという条件とします。

この図から、ピタゴラスの定理を用い

$(\text{斜辺})^2=(\text{垂線})^2+(\text{底辺})^2=(\ell')^2=\ell^2+(\mathrm{LN})^2$

という関係から問題を解くというのがフランクの考えです。

この考え方で理解できる人はこのまま考え方を進めても結構です。

しかし、頭の中で空想するにしても、もう少し具体的でないと理解出来ない人は、宮沢賢治の「銀河鉄道の夜」的な考え方をお勧めします。

この装置は15万kmもの長さで、物凄いスピードで走れるものと想定します。この長さは、地球

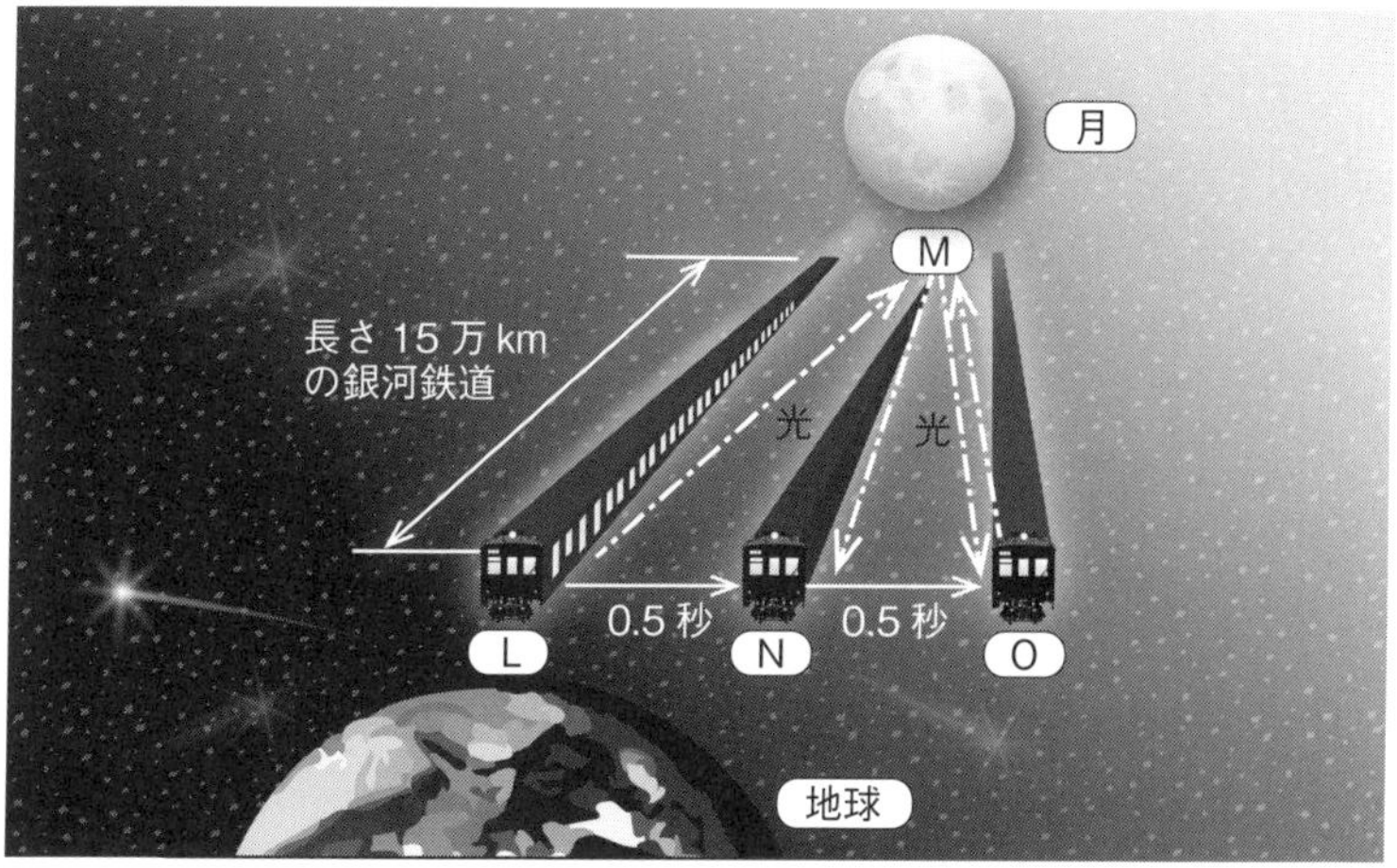

地球と月の間に浮かんだ、銀河鉄道から相対性理論を考える。

の直径１万２７４２㎞の10倍以上ありますから、地球上では実験できません。38万㎞の距離にある地球と月の間に浮かんだ銀河鉄道を想像した方が壮大な思考実験装置としてふさわしいかもしれません。

「銀河鉄道の夜」の物語をお薦めしているのは、宮沢賢治がこの物語を書いたのはアインシュタインが「相対性理論」の講演のため日本を訪問した１９２２年の２年後であり、作品には「相対性理論」の影響を強く受けたと考えられる部分が多く見受けられるからです。この物語は、銀河鉄道に乗った２人の少年が、銀河にそって、北十字（はくちょう座）から南十字まで旅する異次元の物語になっています。また、賢治が石炭袋と書いていた部分が、近年になってこれらは暗黒星雲を表したものだと解釈されるようになっています。また二つの石炭袋を冥界と現世を結ぶ通路として表現している点は、アインシュタインが考えた4次元の世界を曲げて入口と出口を近づけると瞬間移動が出来るというアイデアに似ており、現代と未来、過去を行き来するという考え方は、映画『バック・トゥ・ザ・フューチャー』のような世界を考えていたように思われるからです。

そこで、前ページに地球と月の間に浮かんだ銀河鉄道列車を描いてみました。この銀河鉄道車両は長さが15万㎞で、先頭部分に光源（S）があり、車両最後部に鏡（M）があります。そしてこの列車は真っ直ぐ進むのではなく真横方向に進みます。その速度はゆっくりも動けますが速い時は光の速度でも動けるのです。また、この列車にはA君が乗っていて時間や長さを測っています。またB君は列車の外にいて、同じように列車の時間と長さを測っています。賢治の作品に従えば、A君はカムパネルラ、B君はジョバンニなどと考えても良いかもしれません。

さて、この条件では、

LMNの三角形の関係が　$(LM)^2=(LN)^2+(MN)^2$　としてピタゴラスの定理を計算しますが、かなりややこしいので、詳しい計算は最後で述べます。

ここでは、その結果だけを述べておきます。静止状態ではA君、B君の測定値は変わりませんが、高速になると次のような違いが出てきます。

A君が測定した車両（銀河鉄道）内の時間：全く変わらない　$t'=t$

A君が測定した車両（銀河鉄道）の長さ：全く変わらない　$\ell'=\ell$

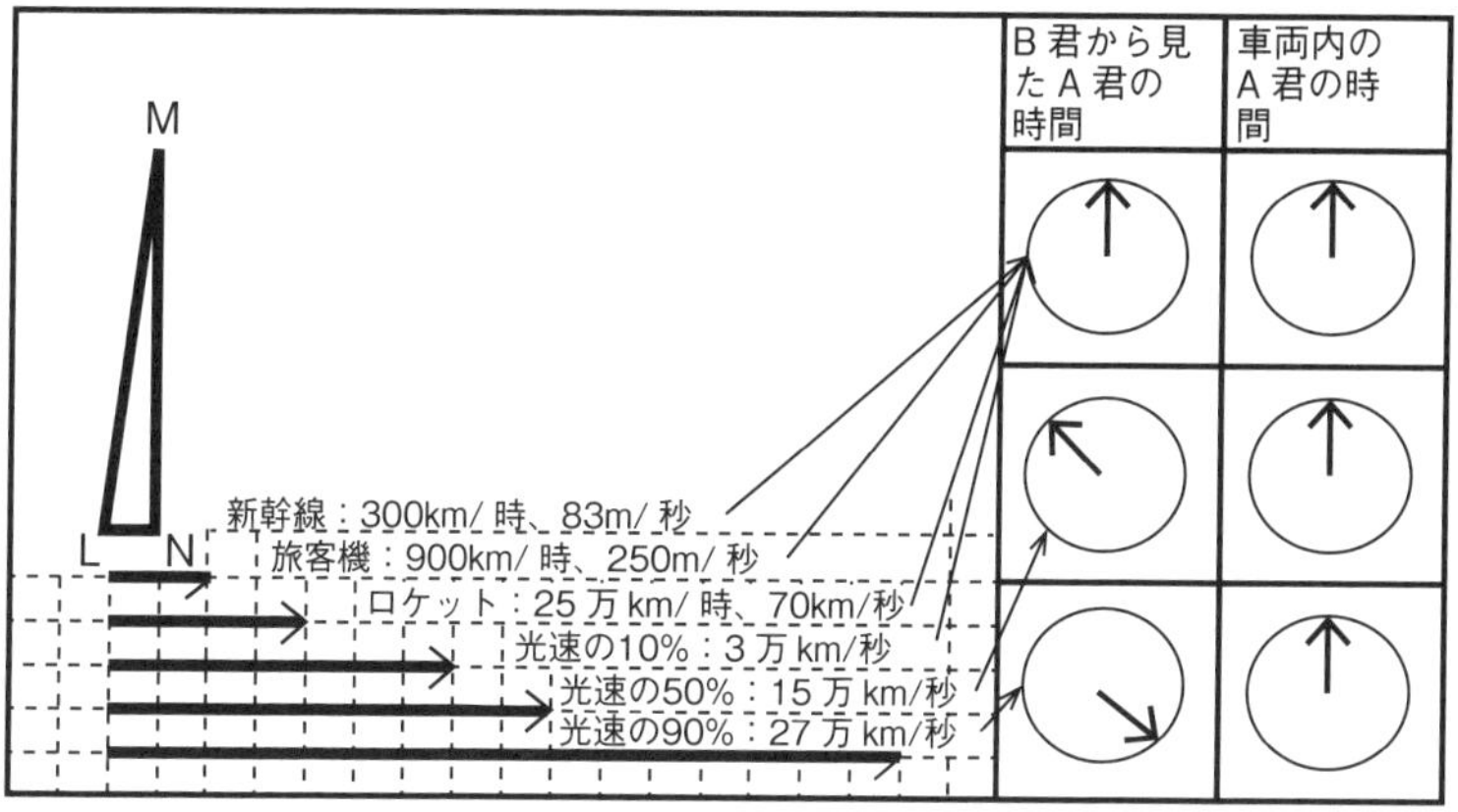

高速度で動く運動体内の時間の遅れ

B君がみる車両の時間　$t' = \dfrac{t}{\sqrt{1 - \dfrac{v^2}{c^2}}}$

B君がみる車両の長さ　$\ell' = \ell \times \sqrt{1 - \dfrac{v^2}{c^2}}$

このようにA君とB君では測定結果が違ってくるのです。相対性理論ではこのように高速の乗物に乗っている人と外から見ている人では全く違った世界が見えるのです。

このA君とB君が見ている光景をグラフにしてみます。A君とB君が見ている時間の関係を上図に、A君とB君が見ている車両の長さの関係を、次ページ図に示しました。この長さが縮む現象は前にローレンツが数学的に求めたローレンツ収縮です。

このようなことが本当に起こるのかどうか疑問をお持ちの方も多いと思います。実際、私たちの生活において、図のように時間が遅れたり、長さが縮む

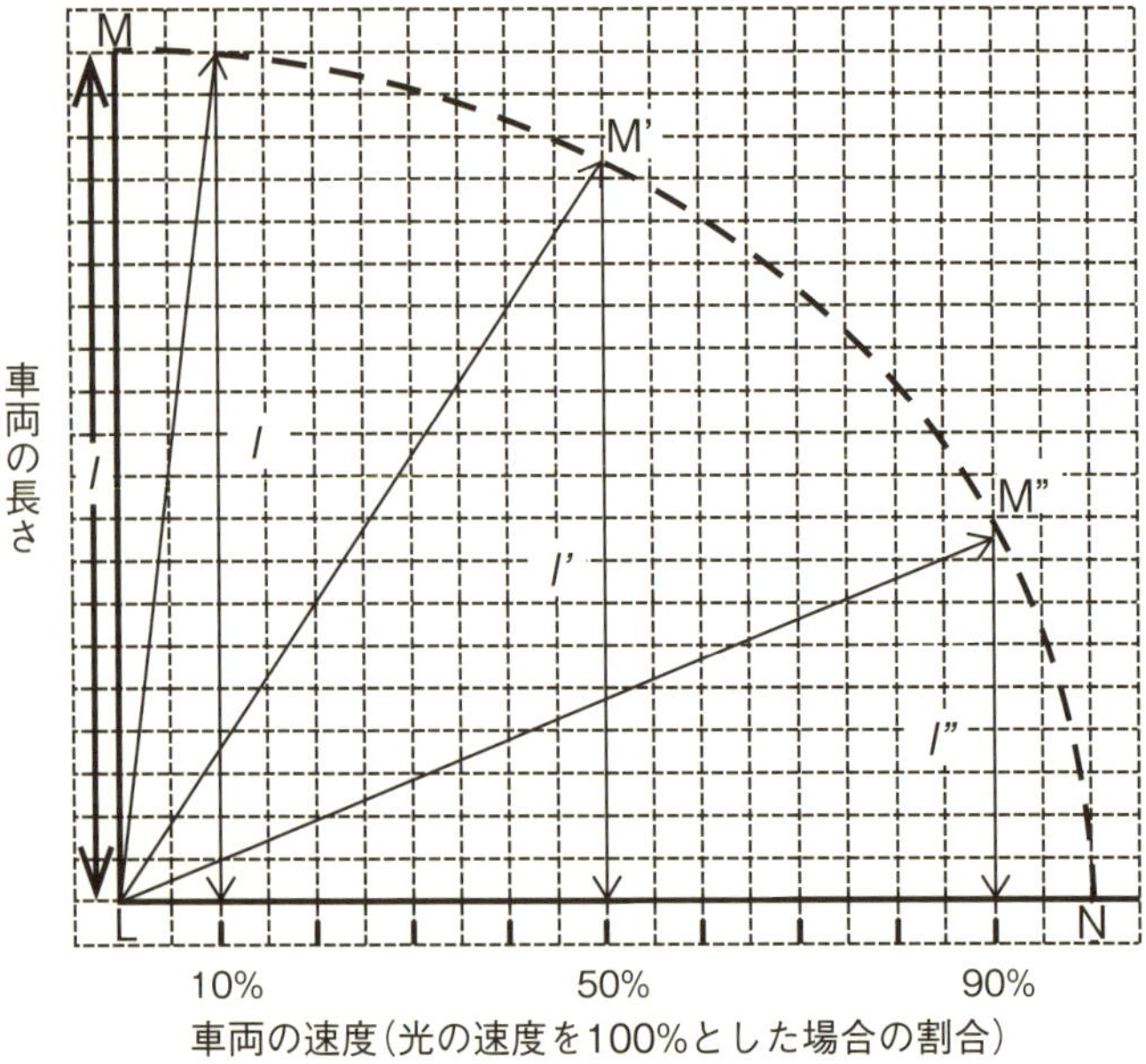

A君の見ている車両の長さをMとした場合、車両の速度が上がるとB君の見ている車両の長さが縮んでいく

ようなことを経験することはないでしょう。そこで、もう一度グラフをよく見て下さい。現在私たちが最も速い乗物だと考えているロケットでも、A君とB君では全く同じに見えていることが分かります。その相違が極端に見えてくるのは乗物の速度が光の速度の50%、すなわち、15万㎞／秒位からなのです。同様に、車両の長さがあきらかに短くなるのも光の速度の50%位からになります。

　ですから私たちがこのような相対論の世界を経験することはまずないでしょう。それは前にご紹介した加速器で電子を加速する実験のように、物体を光速度で走らせると、どんどん重くなるためロケットの重量は無限大になってしまい運動が不可能になるからです。

では、最後にフランクの解いたピタゴラスの計算方法を述べておきます。

まず、条件は

L：光源

M：鏡

N：中間点

O：終着点

ℓ：この車両の奥行（長さ）：15万キロメートル

ℓ′：放射した光が、中間点まで達する距離：L－Mの距離

v：車両の速度

t′：車両が出発点から終着点に至るまでにかかる時間

t：静止状態の時間

c：光の速度

として、ピタゴラスの定理から

$$(斜辺)^2=(底辺)^2+(幅)^2$$

$$(\mathrm{LM})^2=(\mathrm{NM})^2+(\mathrm{LN})^2$$ を

$$(\ell')^2=(\ell)^2+\left(\frac{\mathrm{v}t'}{2}\right)^2$$ として求めるのです。

幅ＬＮは、車両の速度がｖであると、距離＝速度×時間　の式からＬからＮ点に移動する距離は、$\frac{\mathrm{v}t'}{2}$ として計算します。

まず全体を長さの単位にするため、ＬＭ、ＬＮ、ＮＭを距離＝速度×時間の式に作り替えて整理すると、

$$\mathrm{LM}=\ell'=\frac{\mathrm{c}t'}{2}$$

$$\mathrm{LM}^2=(\ell')^2=\left(\frac{\mathrm{c}t'}{2}\right)^2=\frac{\mathrm{c}^2t'^2}{4}$$

$$\mathrm{LN}=\frac{\mathrm{v}t'}{2}$$

$$\mathrm{LN}^2=\left(\frac{\mathrm{v}t'}{2}\right)^2=\frac{\mathrm{v}^2t'^2}{4}$$

$$NM=\frac{\ell}{2}=\frac{ct}{2}$$

$$NM^2=\left(\frac{ct}{2}\right)^2=\frac{c^2t^2}{4}$$

となりますから、ピタゴラスの関係は

$$LM^2=LN^2+NM^2$$

$$\frac{(c^2t'^2)}{4}=\frac{(v^2t'^2)}{4}+\frac{(c^2t^2)}{4}$$

式全体に4を掛けて、これをt'とtで整理します。すると

$$c^2t'^2-v^2t'^2=c^2t^2$$

$$t'^2(c^2-v^2)=c^2t^2$$

$$t^2=\frac{(c^2-v^2)}{c2\times t'^2}=\left(\frac{1-v^2}{c^2}\right)t'^2$$

ここから、車両が進むのに要する時間t'を求めると

$$t'^2 = \frac{t^2}{\left(1 - \frac{v^2}{c^2}\right)}$$

となるので、この両辺の平方をとると

$$\sqrt{t'^2} = \frac{\sqrt{t^2}}{\sqrt{1 - \frac{v^2}{c^2}}}$$

その結果は

$$t' = \frac{t}{\sqrt{1 - \frac{v^2}{c^2}}}$$

と前に示した147ページの①式と同じになります。

この関係を利用すると、長さについては

$$\ell' = \ell \times \sqrt{1 - \frac{v^2}{c^2}}$$

と147ページの②式と同じなります。

ただ、アインシュタインはこの方法で相対性理論を解いた訳ではありませんでした。アインシュタインは電気力学の関係と力学的な関係から4次元の世界を考えこれを数学的に解いていくという方法をとっています。

ここで、3章で考えた分数の意味を考えてみます。相対論の式の中で特に重要なのは、

$\frac{v^2}{c^2}=\left(\frac{v}{c}\right)^2$ です。

例えば、v＝ロケットの速さと考えると $\frac{70\text{km}}{30万\text{km}}=0.00023$ ですから $\left(\frac{v}{c}\right)^2=0.0000053$ となります。この数値はゼロに非常に近いので、物理学者たちは速度vが非常に小さいときは、ほとんどゼロに等しいと考えます。

従ってロケットの速度で相対性を考えると①式は、

$$t'=\frac{t}{\sqrt{1-\frac{v^2}{c^2}}}=\frac{t}{\sqrt{1-0}}=\frac{t}{1}=t$$

となり、ロケット内の時間は遅れることなく、普通の状態と同じことが分かります。

次にロケットが光速と同じcの速度で走ると考えると、

$\left(\frac{v}{c}\right)^2=\left(\frac{c}{c}\right)^2=1$ となります。これを①式に代入すると、

$$t'=\frac{t}{\sqrt{1-\frac{v^2}{c^2}}}=\frac{t}{\sqrt{1-1}}$$

となり $t'=\frac{t}{0}$ ということとなります。この $\frac{t}{0}$ の意味が分からないかもしれませんが、ここでも物理学者たちは、ある数を0で割る場合、ある数を無限小の数で割ったと考え $\frac{t}{0}=\infty$ つまり、無限大に近いと考えて、

$$t'=\frac{t}{\sqrt{1-\frac{v^2}{c^2}}}=\frac{t}{\sqrt{1-1}}=\frac{t}{0}=\infty$$

と計算します。この意味は、時間の遅れが無限大ですから、全く時間が進まないとか、全く歳をとらないといったことになります。じつは、これは不可能なことなのです。宇宙船はどんなに軽いものでも質量をもっていますから、光速に近い速度に近づけることは可能ですが、電子を光速に加速させることが出来なかったように、重さのあるものを光速で走らせることは現実的に不可能なのです。

　前に分数について説明したように、分数は分母と分子の関係として考えることが重要なのです。また、非常に正確な数値を計算する場合は精度が必要な桁数まで計算しなければなりません。例えば、分母と分子の比率が1億倍以上ある場合に無限大としたり、あるいは1億分の1だからゼロと計算することはできません。

音の波：縦波の形で粗密波として伝搬している

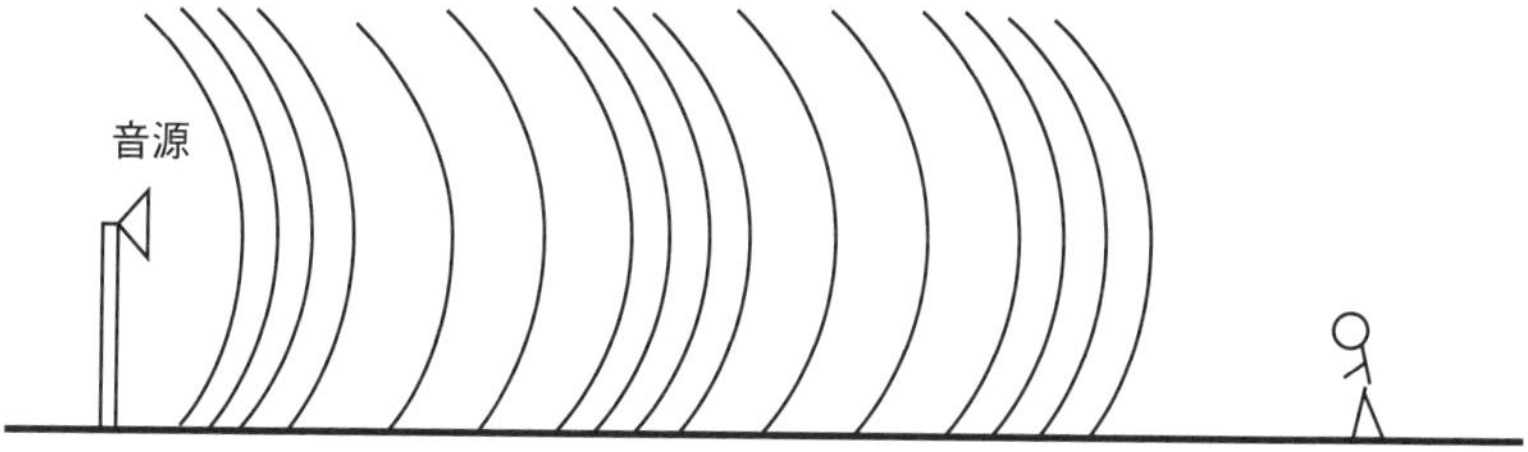

音が伝搬するのは空気がその媒体として働くためである。
19世紀には光を伝えるエーテルという媒体が存在すると思われていた

エーテルはなぜ存在しないと言えるのか

アインシュタインは相対性理論の中で「光は常に真空中を一定の速さcで伝搬し、この速さは光源の運動状態には無関係である」だから、「エーテルが存在しない」のだと言っています。このアインシュタインの言葉はあまりにも素っ気なく意味がよく分かりません。

まず、エーテルとは、前に「ガリレオの相対性から新しい相対性へ」についてで示したように、光を伝搬（上図参照）するために必要だと思われる媒質のことを意味しています。

しかし、この問題に解答を与えると思われていたマイケルソン・モーリーの実験結果でエーテルの存在は否定されてしまいました。

アインシュタインはエーテルの存在を否定していますが、それを分かり易く説明してはくれませんでした。そこで、「$E=mc^2$」という本を書いた科学ジャーナリスト、デイヴィッド・ボダニス先生に解説してもらいましょう。

Ａくんと B くんの馬跳び遊びは光の伝搬に似ている

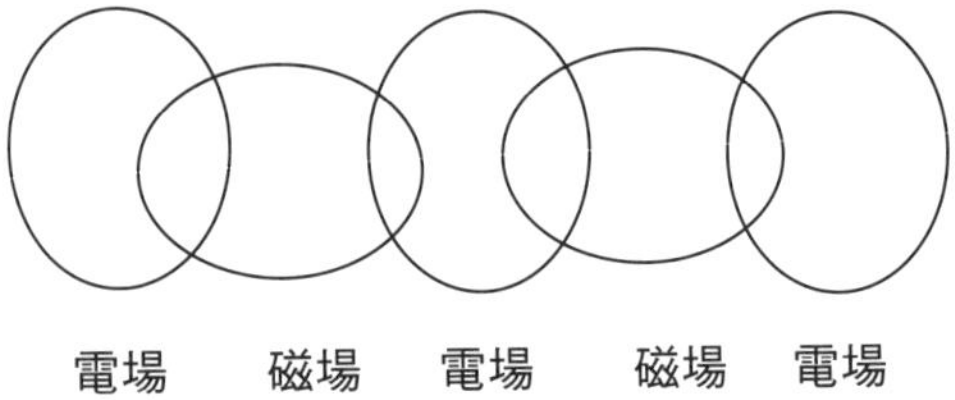

電磁波の伝搬は電場が磁場を誘起し、磁場が電場を誘起する形で進む

光や電磁波は少年の馬跳びのような形で伝わるので
エーテルのような媒体を必要としない

ボダニスは、２人の少年が遊ぶ馬跳びを例として説明しています。これを上図の上側に示しました。グラウンドで２人の少年が遊んでいます。この２人は馬跳び遊びをやっています。馬跳び遊びは、まずＢ君が馬になり、それをＡ君が飛び越えます。そしてＡ君はすぐに馬になり、それをＢ君が飛び越えます。この馬跳びをどんどん繰り返し続けていくことで前に進んで行く遊びです。

ボダニスは上図の下側に示したように、電磁波は、電場と磁場で成り立っていることを示しました。最初、電場が作られると、ファラディの電磁誘導の法則によって磁場が形成されます。次は磁場によって電場が形成されます。結局、電磁波は、自分自身の誘導作用によって、電場、磁場を形成しながら伝搬していくというのがボダニスの説明です。これならエーテルの存在を考えなくても良くなります。

相対性理論についての面白い話

ニュートンよりアインシュタインを理解した少年

アインシュタインは１９０５年に「特殊相対性理論」を発表しましたが、それには満足しませんでした。それは相対性理論としてはまだ不完全だと思っていたからです。

アインシュタインは相対性理論には重力を組み入れる必要があると考えていたようです。そして、母校のチューリッヒ工科大学のミンコフスキー教授から教わった数学的手法を相対性理論に取り入れて「一般相対性理論」を完成させました。「特殊相対性理論」から約9年かけて一般相対性理論の考えに至ります。回想録の中で、「一般相対性理論」に比べると「特殊相対性理論」は非常に幼稚なものだったと書いています。

一般相対性理論は、非常に難しいものですが、ある大学の教授が少年にアインシュタインの話をしたところ、「アインシュタインの理論の方がニュートンの理論より分かり易い」と語ったという逸話がありますのでそれをご紹介しておきます。

ある日、大学教授の家に、近所でも賢いと評判の中学生の少年が訪ねてきました。その少年は教授に、「学校で地球と月の間に働く引力のことを習ったのですが、どうもよく分からないところがあるので、教えて下さい」と頼んだそうです。

そこで教授は、けん玉を持ち出し、玉をぐるぐる回しながら、このけん玉の棒が地球で、玉が月の関係にあることを説明し、ニュートンが地球と月との間に引力があることを発見したことを左のような図で説明します。

「月は地球と同じ頃約45億年前に作られたと考えられているんだ。その時、地球には運動エネルキーが与えられ、それによって地球は1日に1回自転しながら運動している間に太陽の引力圏内に入り、太陽の回りを365日で回るようになった。月の物質は地球から分かれたという説もあるが、どこからきたのかまだよく分かっていない。いずれにしても、地球が誕生した時から月がありそれが地球の周りを約29日で回るようになった。

ニュートンはりんごが木から落ちるのを見て、月も地球に向かって落ちてきていることを確信したと言われているんだよ。ニュートンの考え方によると、月は真っ直ぐ進もうとするけれど、地球の引力によって少し落ちる。しかし、最初に持っている運動エネルギーがあるので地球まで落下

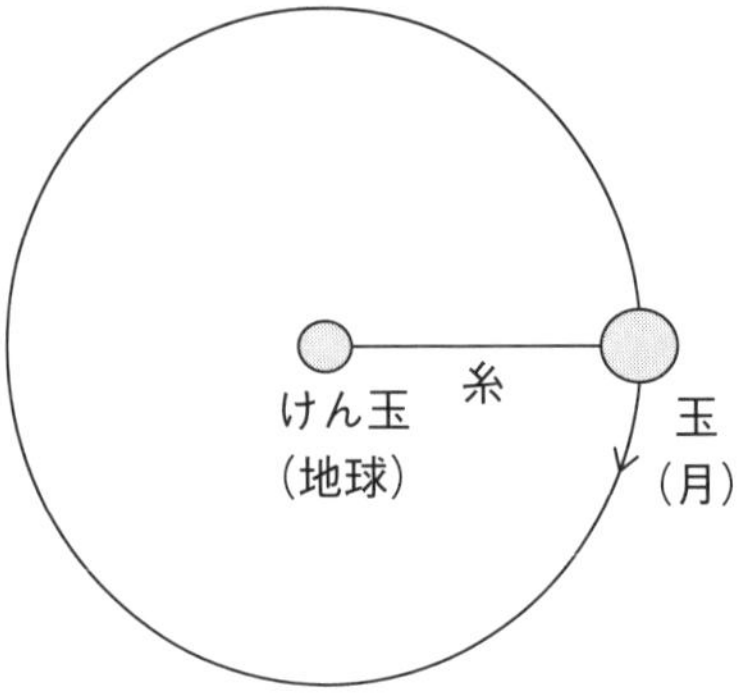

ニュートンの引力の法則をけん玉で説明する

せずに前に進み、また少し落下するという運動を繰り返し、地球を回るようになった。

もし月の運動エネルギーがもっと大きかったら、月は地球の引力を振り切って宇宙のどこかに飛んでいってしまっただろう。月が地球の周りを回っているのは、月が持っている遠心力と地球の引力がちょうど釣り合っているためなんだ。けん玉の玉をぐるぐる回すことが出来るのは、けん玉の『糸』が地球と月の間に働く引力と遠心力のバランスと同じ形になっているんだ」

すると、少年は、

「実は中学の先生からもニュートンの話は聞きました。そして、学校の先生もひもをつけたボールを回転させ、地球と月との関係を説明してくれたんです。ただ、僕がよく分からないのは、けん玉では糸がついているけれど、地球と月の間には糸なんかないじゃないですか」

この話を聞いた教授は次のように説明しました。

「これはちょっと君には難しいかもしれないけれど、アインシュタインの理論というものがあるんだ。わかるように図を書きながら説明しよう。

アインシュタインは相対性原理というものを研究して、質量の大きい場所の空間は歪むと考えたんだ。いま、ここで2本の木の間にハンモックを張った場合を考えてみよう。そして、そのハンモックにボーリングの球を投げ入れると、ハンモックは中央がへこんだ状態になるだろう?　次にそのボーリングの球の近くにテニスボールを投げ入れるとそのボールはボーリングの球の周りを回り始め、テニスボールに運動力がなくなると、ボーリングの球にくっついてし

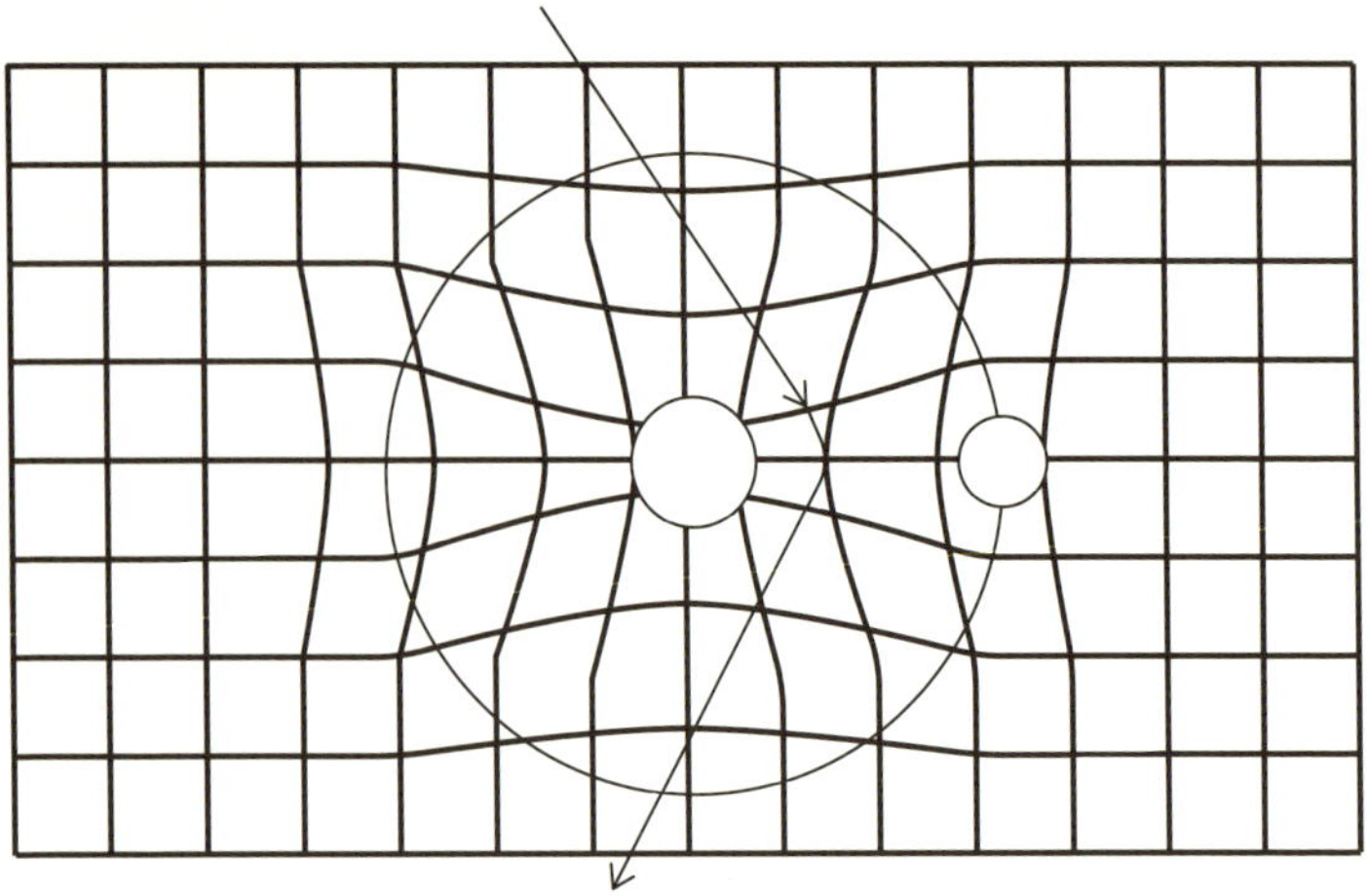

アインシュタインは空間の重力の歪で引力を説明した

まう。この最後に2つの球がくっつくことが、ニュートンの説では引力によるものと説明され、アインシュタイン説では重力の場が存在すると、重力の強い場に弱い重力を持つものが引き寄せられると説明している。アインシュタイン流に説明すると中央にある球が地球で、回りを回っているボールが月ということになるわけだ。

ハンモックの網は何もない時は、規則正しい格子状になっている。ところが、そこに重さの重い物体を置くと、その場が重力によって曲げられてしまう。この状態で重さの少し軽い物体に運動エネルギーを与えて投げ入れると、その中央の物体の回りを回るようになる。もし、投げ入れたボールの運動エネルギーが少なくなると、ボールは段々中央の球に近づいて最終的には中央の球にくっついてしまうんだ」

そしてこの様子をまた上の図で説明しました。すると少年は、「アインシュタインの理論は大変難しいと学校の先生からも聞かされていたけど、教授が説明された図をみると、僕にはアインシュタインの方がニュートンよりもずっと分かり易かったです」とお礼を言ったそうです。

その少年はその後、物理学の道に進んだという逸話が残されています。

アインシュタインの理論の不思議なところは、彼の論文を読むとほとんど数式ばかりで非常に難しいのですが、図に書いてみると案外分かり易かったりするところがあることです。

ブラック・ホールの発見

相対性理論に関することで、ブラック・ホールの話も面白いので紹介しておきます。

アインシュタインの一般相対性理論で推測すると、非常に大きな質量を持った場所では空間が大きく歪み、光も含めた全ての物質がそこに吸い込まれる現象が起こるのではないかと考えられました。そこで全く暗黒のブラック・ホールが存在するのではないかという考え方が１９３０年代から出始めたのです。ただ、当のアインシュタインはこの考え方を否定していたと言われています。

ブラック・ホールが存在するらしいことが分かったのは１９６０年代に入ってからのことでした。それは天文学で波長が短いX線が計測に用いられるようになってからのことです。

１９６２年にX線望遠鏡を搭載したロケット打ち上げると不思議なことが観測されたのです。白鳥座という星座のそばからX線を放射する星が見つかったのです。

真夏の夜9時位になると、ちょうど真上に見えるよく知られている星に「夏の大三角」があります。この星は、上図のように見えます。

北の方向に向いて真上にある三角形の一番北側のデネブを頭とした白鳥が飛んでいるように十字形に見える星が白鳥座です。この白鳥の羽の少し後ろのあたりの矢印で示した付近からX線が放射されていることが確認されたのです。しかし、ロケットでは長い時間観測できないのでその詳細は分かりませんでした。

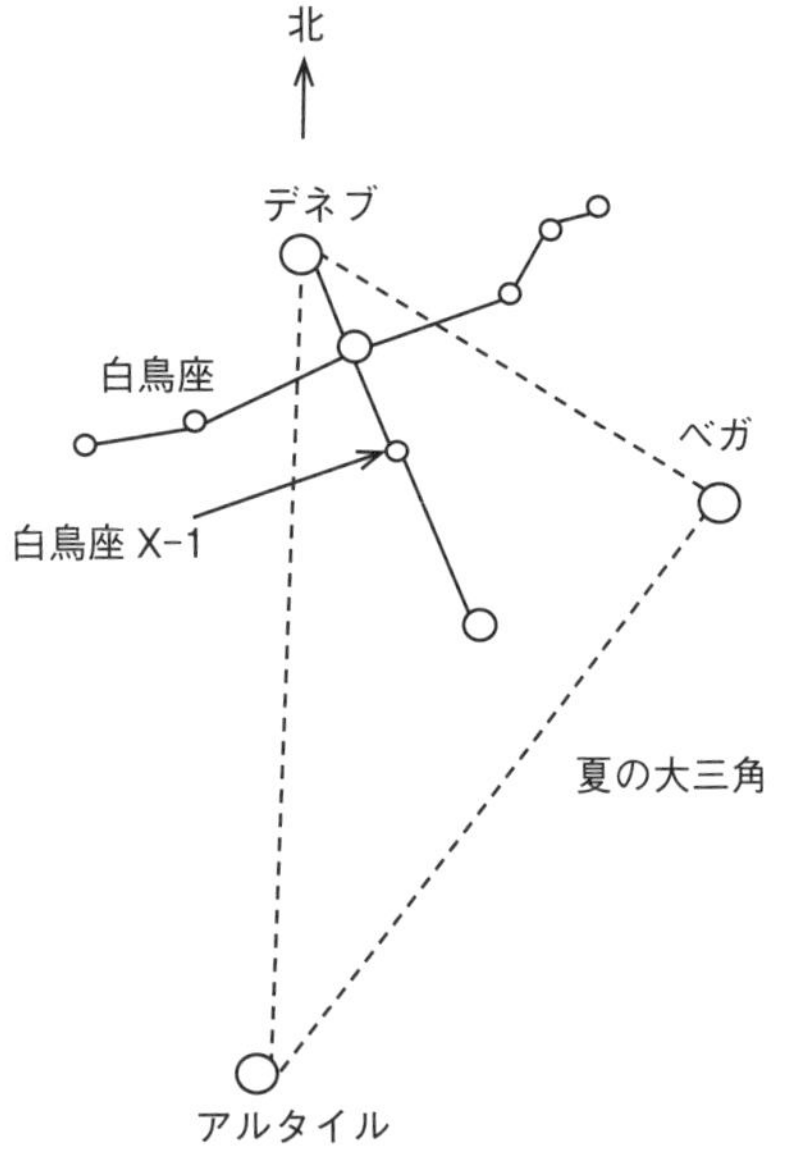

白鳥座の方向から放射されるX線

しかし、1971年になると、人工衛星にX線望遠鏡が載せられるようになり白鳥座X－1のあたりに青白く光った星が発見されました。ところがこの星は5・6日周期で公転しており、その軌道からこれと対になる星が存在するはずだと考えられるようになりました。しかし、その星が存在するはずの場所は暗黒状態で何も発見できませんでした。

そこで、正確に測定してみるとX線はどうやら、この対になる星が存在すべき点から放射されていることが分かりました。これが、長い間探し求めていたブラック・ホールだろうと推測

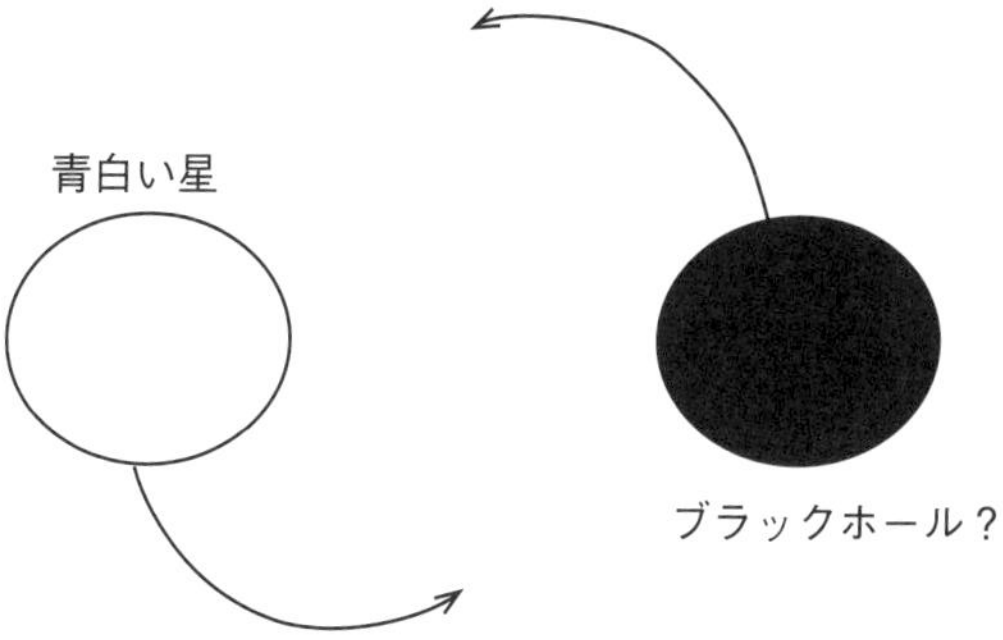

白鳥座Ｘ－１から放射されるＸ線はブラック・ホールの存在を予感させるものであった

されたのです。これを上図に示します。

研究の結果ブラック・ホールの質量は太陽の質量の約10倍であることも分かってきました。もし、この太陽の10倍の質量の星が光って見えるものとすると太陽の30倍以上の明るさになることも計算されました。このことからこのブラック・ホールが放射するであろうと思われる光は全てこの星の重力に引き寄せられて、光を全く放出しないブラックな星として存在するのだと考えられるようになりました。

ただ、Ｘ線だけがなぜブラック・ホールに吸収されずに放射されるかということが疑問として残されました。この問題は間もなく、ブラック・ホールの近くに存在するガスが原因であることが分かりました。これらのガスは次第にブラック・ホールに引き込まれていくのですが、その過程でガス同士が激しい衝突を繰り返すので非常に高温になり、そのエネルギーの一部がＸ線となって放射されていたのです。

その後もブラック・ホールの研究が続けられており、このことから宇宙の始まりも解明されつつあります。

相対性理論が解き明かした宇宙の謎

アインシュタインが一般相対性理論を考えついたときは、重力が空間を歪めることを理解していましたが、今日考えられている宇宙像には近づけませんでした。

このことに最初に気付いたのは、ジョージ・ガモフ（1904～1968）という物理学者でした。彼は宇宙に存在する元素の割合、水素92・4%、ヘリウム7・5%、その他の元素が0・1%という不自然な片寄りを不思議に感じました。そこでガモフは、宇宙には始まりがあって、水素は宇宙の初期の段階で創られ、それが核融合反応によって4個の水素から1個のヘリウムになり、この核融合反応によって、原子番号の順番通りにH、He、Li、Be、B、C、N、F、Neのような92種類の元素が創られていったという仮説をとなえました。

そして天文学者エドウイン・ハッブル（1889～1953）が観測した銀河は現在72キロメートル／秒という速さで広がっているというハッブルの法則から、宇宙の最初の時間を計算すると宇宙の始まりは138億年前であることも分かってきました。

水素の核融合によってヘリウムへ転換されたという現象があったと考えると、過去に超高温の状態が存在していたと想像されます。これは、現在灼熱の太陽が過去45億年の間輝き続けていることから証明されています。これらのことから、ガモフは宇宙の生まれた初期に超高温の大爆発が起こったという説を提唱しました。これが「ビッグ・バン」です。

ビッグ・バン説が提唱されたのは1948年のことですが、1970年代にはブラック・ホールが実在することが確認されました。その後の研究によっていきなりビッグ・バンが起こったわけではないことが分かってきました。

これは日本の佐藤勝彦教授（1945〜）やアメリカの宇宙物理学者、アラン・グース（1947〜）が、ビッグ・バンの前にインフレーションという現象が起こったことを理論的に証明したのです。

宇宙が創られる過程でビッグ・バン位までは、一般的な知識である程度理解できるのですが、インフレーション位から説明がだんだん難しくなるので現在物理学者たちが考えている宇宙がどのように創られてきたかをその時間の経過で示してみます。

この中で一番不思議なのは、宇宙は何もないところから形のある物質が創り出される、つまり「無」から「有」を創り出されたと考えられていることです。ロシアの物理学者アレクサンドル・フリードマン（1888〜1925）は、アインシュタインの一般相対性理論を解くとある1点にたどりつくと説明しています。

ただ、この考え方だけでは無の世界から有を生み出すという部分の説明ができていません。この問題を解決したのは、有名な物理学者スティーブン・ホーキング（1942〜）で、彼は

宇宙の誕生から現在まで

時間	宇宙が創られる過程
0	「無」の時代
	｛無｝から「有」を生み出した時代
10^{-34}秒後	インフレーションの時代、光速以上の速さで膨張
10^{-27}秒後	ビッグ・バンが始まる、灼熱状態
1秒後	ビッグ・バンの中期、陽子、中性子、電子が出来る
3分後	「3分間クッキング」、水素などが形成される
38万年後	ビッグ・バンの後期、多くの元素が作られる
2億年後	濃密なガスから最初の星が生まれる
10億年後	最初の銀河が誕生
93億年(約)	地球誕生、太陽系誕生
100億年(約)	地球上に生命が誕生
138億年後	現在

量子論と相対性理論を結びつけると真空の世界では粒子が生まれては消えるという現象が起こるということで説明できるとしました。

ただ、ここで物理学者たちが考えている「無」の世界とは、私たちがよく使っている真空とはちょっと違っています。私たちは真空ポンプなどを使って空気を排除した容器内を「何も存在しない空間」と考えて真空と呼んでいます。

しかし、物理学者たちの定義によると「そこには電子と陽電子が対になって存在する空間」と考え、通常は何も存在していない状態であるが、「ゆらぎ」の現象があるためほんのわずかな数の電子と陽電子が生まれては消えていると考えています。ホーキングはこれが宇宙の卵であると考えました。そしてある時、急激に膨張しインフレーション現象を起こし、それが発展してビッグ・バンを引き起こしたと説明しているのです。

宇宙の歴史は、右表のように進んできているので、素粒子↓原子↓銀河系↓太陽系↓地球↓地球上でのＤＮＡなどの発生↓原始生命誕生↓人類の誕生、のようになっています。

その後の天体物理学の研究により、宇宙がもっと複雑な構造であることが分かってきました。私たちは、夜空にある多くの星を見つめていますが、星の無いところは何も無い空間だと考えていました。しかし、最近の研究によると星の光の見えない「暗い空間」は何も無い空間ではなく、何かが存在していることが分かりました。

この星の存在しないところの26％はダークマター（暗黒物質）で占められ、69％はダークエネルギー（暗黒エネルギー）が存在していると考えられるようになっています。つまり私たちが見ている宇宙とは宇宙全体の５％以下だったということです。

ダークマター、ダークエネルギーについてはまだその実態がよくわかっておらず、研究が進められているところです。

一方、宇宙の構造を解き明かす理論として使われるようになった量子論もどんどん進展しており、私たちが中学や高校でならった物質は原子、陽子、中性子、電子から作られているという考え方では不十分で、素粒子やその他の超微粒子を考える段階に入っています。

この「無」から「有」を実験的に創り出そうという試みは現在スイスの欧州原子核研究機構の全周27キロの円形加速器で始められています。

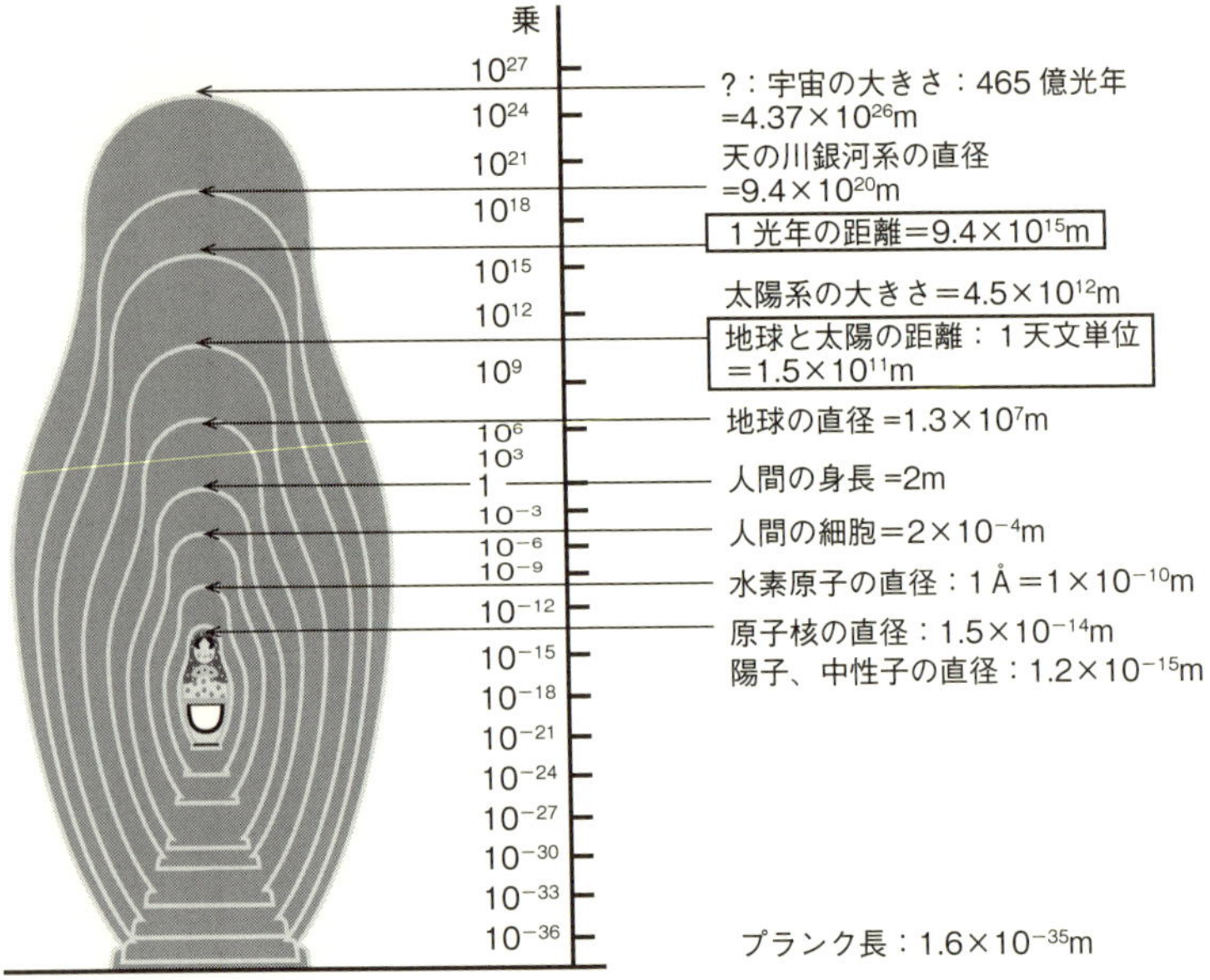

宇宙のマトリョーシカ的構造

これまで述べてきたことを、宇宙のスケールの大きさで考えてみましょう。銀河系の大きさ、太陽系の大きさ、人間の大きさ、細胞の大きさ、原子の大きさ、陽子の大きさなどを並べて考えて見ると、それはまるでマトリョーシカの世界の様になっていることが分かります。このことを上図に示しました。この宇宙のマトリョーシカ的構造の図は単純に物質の大きさを比較したものです。ですから、「無」の状態から「有」がビッグ・バンによって素粒子が創られ、原子が創られる、小さいものから段々大きくなる過程を示したものではありません。

一番上の「宇宙の大きさ」と一番下

の「プランク長」は物理学者たちが推測している数値で、現在の時点でこの２つの数値が最も大きいものと、最も小さいものと考えられるという意味で、参考として示したものです。そして、マトリョーシカの一番外側の「宇宙」だけは今でも成長を続けて、どんどん大きくなっていますが、いつまでこの成長が続くのか、まだよく分かっていません。

皆さんに宇宙がとてつもなく大きい世界だということ、そしてこんなに小さい物質で構成されているものだということを感じて頂ければと思います。

エピローグ　アインシュタインは天才だったのか

アインシュタインの過ち

これだけの研究をなしたアインシュタインも、決して完璧な科学者ではありませんでした。ここからは、彼のおかした間違いについてもご紹介してみます。

宇宙方程式の過ち

左に示した写真は、1931年2月3日にアインシュタインがアメリカのウイルソン天文台を訪問した際に撮影されたものです。この写真にはアインシュタインが提出した〝宇宙項〟という考え方が誤りであることを指摘したエドウイン・ハッブルが写っています。

この話の顚末は次のようなものです。

アインシュタインは、1917年に一般相対性原理の論文を提出しました。その後、宇宙の構造も一般相対性原理で解明できるのではないかと研究を始めました。すると、この宇宙の方程式には、宇宙項という特定の定数を入れないと宇宙は膨張または収縮してしまうという結論にいたりました。そこで、アインシュタインは宇宙が膨張も収縮もしない「宇宙項」を入れた理論を発表し、この定数によって宇宙は安定した状態になると説明しました。

ところがアメリカのウイルソン天文台に勤務する天文学者、エドウィン・ハッブルは、

ウイルソン天文台で天体を観測するアインシュタイン

この写真には、アインシュタインの論文の誤りを指摘した、エドウイン・ハッブルも中央に写されている

1924年に天体観測を行った際、赤方偏移という現象を発見します。この現象は救急車がどんどん遠ざかるとサイレンの音がどんどん低くなる、ドップラー効果と同じ現象が、光のドップラー効果として起こるものです。この結果、遠方にある銀河系が我々の銀河系からどんどん遠くなる、宇宙が膨張していることを発見したのです。

アインシュタインは、最初このことを信用しませんでした。しかし、その後1929年に、ハッブルとミルトン・ヒューメイソンによって天体が我々から遠ざかる速さとその距離が正比例する「ハッブルの法則」が発表されます。

アインシュタインはそれでもなお、この結果に疑問を持っていました。私たちが住んでいるこの宇宙がどんどん膨張するなんてことが現実に起こりうるのだろうかと考えたのです。

そして、1931年2月にアメリカを訪れた際、ハッブルが勤務していたウイルソン天文台を訪問したのです。その天文台の図書室でアインシュタインはハッブルから直接に「ハッブルの法則」のデータを見せてもらっています。このときに撮影された写真が前に示したものです。

アインシュタインはこの年、宇宙項という考えの間違いを認め、「わが生涯の最大の過ちであった」と語ったと言われています。

しかし、近年では、超新星や宇宙背景放射の観測結果から、宇宙が加速的に膨張している原因の源は暗黒エネルギーによるのではないかと考えられるようになり、アインシュタインの宇宙項は再び脚光を浴びるようになっています。ただ、この負の力「暗黒エネルギー」の正体はまだ解明されていません。

EPR論文の過ち

アインシュタインは光電効果の理論によって、量子論の道を開いた物理学者の一人でした。ですから当初は量子力学には好意的でした。しかし、量子論や量子力学の研究が進んでくると意外なことが分かってきました。それは水素原子のような簡単な原子でも、核を回る電子の位置が正確に測定できず統計的な範囲の「ぼやっと」した領域でしか電子の存在が認められないという理論です。これはボーアやハイゼンベルグ（１９０１～１９７６、量子力学の先駆者）たちが提唱した不確定性原理という考え方です。

これに対してアインシュタインは、原子核の回りを回っている電子の位置が正確に確定できず、ぼんやりとした確率的にしか求められないというのは理解できないとして「神はサイコロを振らない」という有名な言葉を残しています。

例えば地球の周りを回っている月が今どこに存在しているのか測定できない、あるいは測定できても月は大体この辺にあるらしいなどということはありえません。しかし、量子力学によると電子のような微粒子になると存在する場所は確率でしか計算できないというのが量子論の考え方です。アインシュタインはこの考え方には納得出来ませんでした。

そしてアインシュタイン、ポドルスキー、ローゼン等と一緒にＥＰＲ論文（彼らの頭文字をとったもの）を発表しました。

量子論を提唱した物理学者によると、ここに1個の電子があり、これを地球に置き、もう1個の電子を月に置くとします。そして地球にある電子を左回りに回転させると、月にある電子は必ず右回りになるというものです。この量子論によると、２つの電子の距離が例え1億光年離れていても同じ現象が起こることになり、おかしいのではないかと言うのがＥＰＲ論文の主旨のようです。

アインシュタインたちは「そんなバカげたことは起こらないはずだ、もし出来るなら実験で示してみよ」と、ボーアやハイゼンベルグに証明するよう迫ったのです。確かにこれは常識的には考えられないことでした。例えばここに「オセロの石」が入った箱が2つあり、一つの箱を地球上に置き、もう一つを1億光年（光の速度で走って1億年かかる距離）離れた星の上に置いたとします。ここで、いま地球の上でこの箱を開けてみるとオセロが白になっていたとすると、1億光年離れた場所に置かれた箱は開けて見なくても箱の中のオセロは黒になっていることが実際に起こり得ると言い切れるだろうか。という問題を提起したのです。

この問題はEPRパラドックスとして70年以上物理学上の難問として議論されていました。しかし、近年偏光の研究から、この偏光を2つの光に分け、戻ってきた2つの偏光が同時性を示すことから、量子論の考え方が正しいという実験結果が得られているようです。

この結果はボーアの予言通りでアインシュタインの方が間違っていたという結論が出ているようです。

前に述べた「宇宙方程式」の失敗についてはアインシュタインの権威が回復されようとしていますが、「EPR理論」の方はどうもアインシュタインの分が悪いようです。

日食観測の失敗

ここで日食観測の失敗と言っているのは1919年にエディントンが観測した日食のことではありません。エディントンの観測結果は、当初は誤差が大きいとされていましたが、電波望遠鏡が出来てからの観測によって実は当時としてもかなりの測定精度の高いものであったことが分かっています。問題となっているのは、1914年8月21日に起こった日食のことです。このとき、この日食観測を計画した天文学者がおりました。アインシュタインは、この日食観測に積極的であったかどうかは分かっていません。しかし、運良くと言うべきかどうか分かりませんがその年の8月1日に第1次世界大戦が始まってしまい、この計画はご破算になってしまいました。

筆者が運良くと言ったのは、1914年当時アインシュタインは光の屈折の角度は0・83秒角と計算しており、1916年に修正された正しい屈折角1・7秒角という値は得ていなかったからです。

実は1911年にアインシュタインが太陽のそばを通る光が0・83秒角の屈折を受けることを発表すると、ニュートン力学でもほぼ同じ屈折値が計算されることが指摘されたのです。そのため、アインシュタインはすぐに相対性理論を検討し直します。その結果、屈折角が2倍になることを含んだ「一般相対性理論」の考えにたどりつきます。

もし、1914年の日食観測が行われていたとしても、1919年に発表された日食観測のような世界中を熱狂させるような現象は起こらなかったものと思われます。最も大きな相違は、1919年の発表は世界中を大混乱に陥れた第1次世界大戦の停戦直後であったこと、日食観測者が天文学者として著名なアーサー・エディントンであったこと、そして、この相対性理論の解明が、敵国同士として争い合っていた、ドイツの科学者とイギリスの天文学者との協力に基づくもので、第1次世界大戦のため世界中が疲弊し、その反省から融和を求める考え方を象徴的に示す大きな出来事だったことです。

この1914年の日食で相対性理論を検証しようとして観測を計画していたのは、プロイセン王立天文台の助手エルヴィン・フロントリッヒだったと言われています。この人物は不幸なことに、1914年の日食は第1次大戦のために実施できず、そして1919年の日食時には観測隊として選ばれることはありませんでした。

しかし、アインシュタインは、この1914年の日食観測が行われなかったことが幸いし、相対性理論が傷つけられることを回避できたのです。

果てなき創造性

アインシュタインの3大論文のアイデアは一体どこから得たものなのでしょうか？

一般に科学というと論理的に思考するもので、理系の知識にたけた人々が専攻する学問だと思われがちです。しかし、科学者の多くは意外と高校時代から理系に進むか、文系に進むか迷っているのです。また、数学者、物理学者、化学者、生物学者、医学者等の中には随筆の名文を残している人も多くいます。つまり、理系の科目だけを得意としていただけでは駄目で、文章の意味を理解できる国語力の高い人が創造性も高い場合が多いのです。

物理学者で優れた随筆を書いた人としては寺田寅彦がよく知られています。寅彦は熊本第五高等学校に入学したとき、英語教師をしていた夏目漱石に出会います。漱石の英語の授業は大変難しいもので、その授業についていけた数少ない学生の一人が寅彦だったようです。この熊本時代に寅彦は漱石から俳句の手ほどきを受けています。このときの縁で寅彦は後に東京帝国大学物理学科に進んだ際、漱石の門下生の許しを受けています。

漱石は寅彦の文学的才能を非常に高く評価していたようで、「吾輩は猫である」の中に水島寒月という名で登場させています。「漱石と寅彦」の著者志村史夫氏は、漱石のことを自然科学者的文学者と呼び、寅彦のことを文学者的科学者と評しています。この考え方には筆者も同意できます。

一方、漱石は科学的な思考を良く理解できる人であったという逸話が多く残されています。その中で漱石がイギリスに留学していた際、ドイツに留学していた池田菊苗（化学者：グルタミン酸ソーダの発見者）と出会い、文学を専門としない池田と文学論の書き方についての論争を行い、池田の影響を大きく受けていたためだと言われています。

なぜ漱石が自分と分野の違う化学者の意見を尊重したかというと、漱石より3歳年上の池田が、万巻の書を読み文学にも深い造詣を持ち、漱石の考えていた文学論を語り合える人物として認めたためだと言われています。

また、志村氏の「漱石と寅彦」によると、寅彦は、ロンドン留学中の漱石から送られてきた手紙を読んで驚愕したエピソードが書かれています。それによると、漱石は東京帝国大学、物理学科の2年生になった寅彦にイギリスで発行されている科学誌「ネイチャー」を読むように勧めています。

寅彦は急いで大学の図書室で「ネイチャー」を読みますが、それを読んで自分の文学の師が、自分の専門とする物理学のことを明確に理解していることを知って大変驚いた様子が示されています。漱石が勧めた論文は当時まだ仮想的な理論であった「原子論」に関するものでしたが、漱石がその概要を正確に理解していることに寅彦は大変驚いたようです。

ノーベル賞を受賞した湯川秀樹、朝永振一郎などは優れた随筆を残しています。また数学者の岡潔も多くの随筆を残しており、他の物理学者、化学者、数学者もかなりの人々が随筆を書いています。これらの人はおそらく、文学者的科学者の範疇に入る人達なのだと思います。

人間は論理的に問題を考える時は左脳を使い、情緒的なふるまいをする時は右脳を使うと言われており、一般に理系は左脳、文系は右脳が発達した人が向いているとされます。ですから、理系の道に進む人は左脳が発達した人だと思われがちです。しかし、創造的な仕事をされた方々は、理系的な頭脳だけでなく、文系的な頭脳も使っていたのです。

アインシュタインの言葉を聞くとこのことが、一層鮮明になるのです。

あるときアインシュタインは新聞記者からこんなことを質問されます。

「もし、博士が物理学者になっていなければ、どんな職業についていたとお思いですか?」

これに対するアインシュタインの答えは、

「私はたぶん音楽家になっていたと思います」

アインシュタインはよく自分の理論を強く押し通す強弁家だと思われているところがあります。しかし、彼はかなり情緒的な感情を持った人物でした。

アインシュタイン自身の言葉によれば、自分は物理学を考える時は西洋人であるが、普段の生活においては東洋人であると述べています。

これは西洋人とは論理的に考える人であり、東洋人とは情緒的に考える人のことであるとアインシュタインは考えていて、論理的思考と情緒的思考を使い分けていたようです。

アインシュタインは、1922年に日本の出版社から招聘を受けて来日していますが、その招きを受けた理由の一つは、憧れていた小泉八雲(ラフカディオ・ハーン)の住む東洋の国を訪れてみたかったからだと語っています。

アインシュタインが情緒的感覚を養ったのは、幼少時代からヴァイオリンを習っていたこと、大学時代にヴィンテラー教授一家と触れ合っていたことが、彼の右脳の発達に寄与したと思われます。そしてこのことが、さらにアインシュタインに音楽、哲学、文学を深く学ばせるきかっけになったのです。つまりこの時期に右脳と左脳がバランス良く働くように訓練されていたと考えられるのです。

多くの優れた科学者たちが文学者的科学者であったのは、多分左脳と右脳のバランスよく使うことの出来る人達だったためではないでしょうか。

アインシュタインが3大論文のような独創的な考えにどうしてたどりつくことが出来たのかは実はよく分かっていません。しかし、筆者はあるきっかけがあったと考えています。一つは幼少時代に父親から貰った磁石。二つ目は大学を卒業した後の就職できなかった時代の苦労です。天才の発想には「突然のひらめき」があると言われていますが、アインシュタインの場合には過去の記憶が、右脳と左脳を働かせるきっかけになったのではないかと考えられるのです。

これに近い例をスティーブ・ジョブズに見ることができます。スティーブ・ジョブズは、パソコンのMac、i－phone、i－padを開発したアップル社の創業者です。

そのジョブズは2005年5月12日にスタンフォード大学の卒業式に来賓として招待され、そこで卒業生たちに講演を行いました。この講演は非常に多くの人に感銘を与えた名演説でした。演説の内容はインターネットなどですぐ読むことが出来ると思いますのでご興味がある方は是非ご覧になって下さい。そこでジョブズは、自分があるアイデアを思い付いた瞬間のことを述べています。

講演は「点と点を繋ぐ」の話から始めています。それは、やっと入学したリード大学を6ヵ月で退学しまった頃の話です。当時リード大学はカリグラフィー（文字を美しく見せる手法）

で米国の最高の教育水準を示していました。ジョブズはカリグラフィーのコースを受けることにしましたが、途中でドロップ・アウトしてしまいます。なぜ6ヵ月で退学することになったかというと、それは養子として自分を育ててくれた両親が自分たちの生活を犠牲にして学費を工面してくれていたことを知ったからでした。

そして10年後にはマッキントッシュ・コンピュータを設計しているときにパソコンの文字があまりにもお粗末であるのに気が付きました。その瞬間、大学で少しだけ学んだカリグラフィーのことを思い出したのです。そこで、パソコンの文字のフォントを美しく多くの書体が選べるパソコンを開発しようと考え始めたと述べています。

このパソコンのフォントを美しくしようと考えたのは「点と点が繋がった瞬間」だったと述べ、「後にならないと点と点の繋がりは分からない」ものだと語っています。そして、「今やっていることが後に繋がると信じて欲しい」と学生たちに語りかけています。

このジョブズの「点と点の繋がり」の話しを知ったとき、筆者はアインシュタインが独創的な考え方にたどりついた瞬間も同じだったのではないかと感じたのです。

ここで筆者はどうしても今の若い人達に考えて欲しいことがあるのです。それはあまり多くのものに関心を持たず非常に小さい範囲で物を考え過ぎているのではないかということです。ジョブズがスタンフォードの卒業生に語りかけた「今やっていることが後に繋がると信じて欲しい」という言葉のように、もっと多くの経験をして欲しいのです。

最近、アメリカの大学を卒業した人の話を聞く機会があったのですが、その人の語ったところによると、日本の高校からアメリカの高校に転入した際、アメリカの同級生から、「君は数学の問題を解くのが上手だな、お前は天才だ」と何度も言われたそうです。そこで、アメリカの大学で理系に進んでみると、自分より数学の出来る学生が非常に多く大変驚いたという話でした。そして、アメリカの大学の試験は、本に書かれている問題ではなく自分で考えなければ解けないような問題ばかりだったと教えられました。

現代の世界は、様々な問題を抱えています。従来のように学校で教えてもらった授業内容をそのまま暗記するだけではなかなか新しい問題に対処出来なくなっています。つまり、自分自身の頭で問題の解決ができるような頭脳が要求されているのです。

―アインシュタインは本当に天才だったのか―

左に示したものは、ゲーテがモーツアルトの天才性を評したものです。もし天才とはこのような才能を持った人物に限られるものだとすれば、ほんの一握りしか存在しないということになります。

アインシュタインの場合はどうだったのでしょうか?

如何にも美しく、親しみ易く、誰でも真似したがるが、一人として成功しなかった。幾時か誰かが成功するかも知れぬという様な事さえ考えられぬ。元来がそういう仕組みで出来上がっている音楽だからだ。はっきり言って了えば、人間どもをからかう為に、悪魔が発明した音楽だ。

モーツアルトの天才性を評したゲーテの言葉

（小林秀雄著「モオツァルト」より引用）

筆者は、アインシュタインは一般に言われている意味の天才ではなかったと考えています。少なくとも神童ではありませんでした。

アインシュタインは自分自身のことについて

「私は天才ではありません。ただ一つのことに夢中になっていただけです」

と述べています。この言葉はアインシュタインが謙遜して語った言葉のように思えますが、どうも本心のような気がするのです。それは伝記作家のゲルハルト・プラウゼが本の中で、アインシュタインには物欲や名誉欲がほとんどなかったことを述べているからです。そして、物理学者マックス・ボルン夫妻に対してつぎのように答えていることを紹介しています。

「ところで、あなたがたは私の簡素な生活ぶりについておたずねでしたね。それは、ただたんに、私がいかなる場合でも受け取るより与えるほうがはるかに嬉しいからです。自分が重要な人物などと思ったりしませんし、こつこつとつづけてきた研究にしてもたいしたことではありません。私は、自分の弱点や悪癖を恥ずかしいとは思いません。生まれつき、いかなるものでもユーモアとバランスをもって受けとめるたちの人間なのです。たいていの人はそうだと思います。しかし私は、寄ってたかって私をアイドルのようなものに仕立てあげたことだけは、どうしても承服できません」

アインシュタインが天才でなかったとしても、彼の脳はどんなものであったかについてはご興味をお持ちの方は多いと思います。

科学雑誌「ニュートン」によると、アインシュタインの脳については今でも研究が続けられているようです。アインシュタインは遺言として、延命処置はしないで欲しい、遺体は灰にしてプリンストン市の川に流して欲しいと残しています。

しかし、彼の死に立ち会った医師や学者たちはこの貴重な天才の脳は残しておくべきだと考えたようです。アインシュタインの病床にいたプリンストン病院の医師トーマス・ハーレーは彼の死後、急いで脳の部分だけを取り出してフォルマリン漬けにしたと伝えられています。その脳は現在プリンストン市から70km離れたペンシルベニア、フィラデルフィアのムター博物館に保存されています。

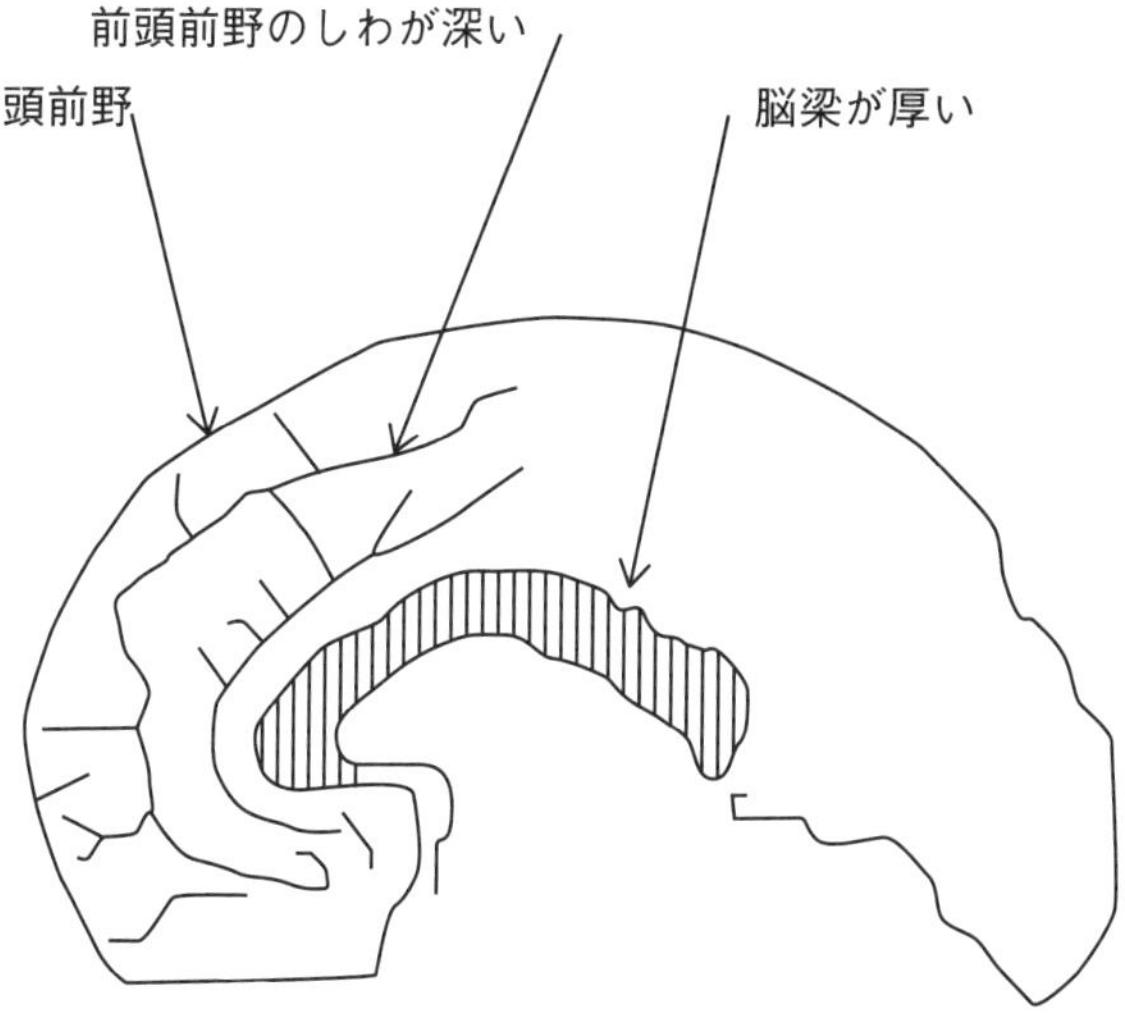

アシンシュタインの脳の断面図

一説によるとアインシュタインの脳は意外にも同年齢の男性の脳の重さより軽かったとも言われています。しかし、人の知能を司ると言われている前頭前野と脳梁では大きな違いが見られています。「ニュートン」の記述によると、アインシュタインの脳と一般的な人との違いの一つは、前頭前野部の「しわ」の状態です。この部分に、普通の人よりも深い「しわ」が見られたというのです。これは脳の表面積が大きくなるので情報の処理能力に有利だったと考えられています。

二つ目は脳梁部の厚さの問題です。アインシュタインが亡くなったのは76歳でしたが、これと同年齢の男性52人の脳を調べた結果、一般男性に比べ脳梁の部分がかなり厚いことが分かっています。脳梁は左右の脳を結ぶ神経回路の役目を果たしているので、アインシュタインの場合は情報のネットワークが左右の脳の間に張り巡らされていたため、創造的な発想を行えたと考えられるのです。

この結果から見るとアインシュタインは天才だったというのは本当だったのかもしれません。しかし、それでは普通の脳を持った凡人たちはどうすれば良いのでしょうか。

知能を判断する方法としてＩＱ（Intelligence Quotient）がよく用いられます。そして、ＤＮＡが解析される時代になってきたため、ＩＱの高い人の遺伝子が特定されるようになってきています。そのため、ＤＮＡの優れたものを集めることによって天才が造りだされるのではないかという研究を行っているところもあります。しかし、筆者はこの遺伝子の組み換え法によってＩＱの高い人間は造れるかもしれませんが、本当に有能な人材を造れるかどうか疑問に思ってしまうのです。その理由として

①ノーベル賞を受賞した人々の中には必ずしもＩＱが高くない人がかなり存在する。
②ＩＱが高いということと創造性が高いということが同じ意味を持たない。
③優れたＤＮＡを集めたものが必ずしも優れたものにはならない。
④ＤＮＡを人工的に加工して作り出された人間は一体何者であるのか、また倫理面でも疑問がある。

この中で③④について面白い見解がありますのでその点を述べておきます。

最近コンピュータで美人の要素を分析できるようになってきました。それを画像合成した結

果によると意外なことが分かってきました。それは、世界中の美人の顔のパターンを集め、その中から眼、鼻、唇、眉毛、耳、頬、顔全体の形状などからその最も良いパーツを並べて世界一の美人画を造った研究者の話です。

この画像を多くの男性に評価してもらったところ、ほとんどの男性はこの美人の顔を美人だと評価しなかったのです。もともと人間の顔は対称ではなく、少し左右のバランスがくずれていることがその人物を特徴づけているのです。そこで、このバランスをくずす条件を加えて美人画像を造ってみたそうですが、それでも男性たちにはあまり評判は良くなかったようです。

これは人には好みというものがあって、数学のように最大公約数を求めてみてもあまり意味がないということなのでしょう。

実は最近の研究で、ある人がどの様な人に好意を持つかを脳内の神経の興奮状態から調べてみると、脳は美人画を見ただけで人を好きになるといったほど単純なものではなかったことが分かっています。写真を見せながら、活性化する脳の部位を測定すると、それぞれの人によってその特定の脳の部位に、過去の経験が蓄積された箇所が活性化された状態になり、その比較によって人の好き嫌いを判断していることが分かるようになりました。

天才も同様で選定されたＤＮＡの結合でＩＱの優れた人物が造り出されたとしても、その人物が自分の優れた頭脳を利用して凶悪な犯罪行為を行うこともあり得るのです。すなわち、ＤＮＡだけでは人間の性格を造りだすことはできないのです。

アインシュタインがもし現存していたとしたら、DNAによって合成された生物を人間の範疇としては認めないと思います。それは、彼がこんな言葉を残しているからです。

「もし人類とテクノロジーが闘争したら、多分人類の方が勝つだろう」

アインシュタインは確かに人間の資質としての遺伝子の重要性は認めていると思われますが、それ以上に人間が形成される精神的環境の方がもっと重要であると考えていたようです。

以下は、子供たちの学習効果を試した実験です。子供たちを二つのグループに分け、Aのグループでは、その試験結で点数の高いものを評価します。そして、Bグループでは、その努力する姿を評価するということを行います。その後、「やさしい問題を解く」と「少しレベルの高い問題を解く」という二つの課題を出し、どちらを選ぶかを選択させます。

すると、グループAの子供たちは「やさしい問題を解く」ものを選ぶ傾向があり、グループBの子供たちの方は、「少しレベルの高い問題を解く」という傾向が現れたと報告されています。やさしい問題を反復的に繰り返すのは決して悪い方法ではないのですが、努力するより、安易に正解を求めてしまうという考え方が身についてしまいます。これからの教育では努力も評価しなければいけないのではないでしょうか。

天才と呼ばれる人々の中には神童でなかった人も多いのです。例えば、ガリレオ・ガリレイは大学卒業後、なかなか就職できず、今でいう就職浪人時代を何年も続けています。立ち直れたのは地元の大公に学問を教えることにより、その縁で大学に職を得たのがきっかけだったと言われています。ニュートンについても似たような逸話が残されています。彼の場合は、いつもいじめられていた友達に喧嘩で勝ったのが、自信を得るきっかけになったそうです。

アインシュタインの場合も先に紹介したように入試に失敗したことで、運命的な出会いを持ちます。まず最初の出会いは、受験したチューリッヒ工科大学の学長でした。彼は、アインシュタインの数学の解答を見て大変驚いたようです。そしてこの若者は大学で学ばせるべきだと考えて、アーラウ高等学校を紹介するのです。この学校の卒業資格を得ると無試験でチューリッヒ工科大学に入学できるからです。

次はアーラウ高等学校に通っていた時代にゲルマン語学者で鳥類学者でもあったヨスト・ヴィンテラー教授の家に下宿し、知的な人物と知己を得たことです。

その後、アインシュタインは大学時代の親友グロスマンの紹介でスイス特許局に勤務した後でも知的活動を止めずにさらに拡大させます。そして、2人の友人たちと物理学の勉強をするグループ「アカデミー・オリンピア」を作るのです。筆者は、アインシュタインが経済的には決して恵まれていなかったこのスイス特許局時代が、彼の能力を高めるのに最も良い環境だったと考えています。

この特許局に勤務している間には3大論文の他、分子の大きさを決定する新しい方法、固体の比熱の理論、レーザーの基礎理論など非常に多彩な研究を行っているのです。就職浪人時代、及び公務員時代の努力が彼の才能を磨き上げたのです。

つまり努力型の天才であったというのが筆者の見解です。多くの引き出しを持つことが創造性を高めたのです。

これを裏付けるような考え方が雑誌「ニュートン」の中で、東京女子医科大学の岩田誠名誉教によって述べられています。

「記憶がさまざまな組み合わせでつなぎあわされる現象は天才の脳でも凡人の脳でも起きます。しかし、天才は、並はずれた集中力、興味と努力によって、ぼう大な専門知識や経験、さらには専門外の知識や経験も脳内にためこんでいます。つなぎあわせの起きる要素がたくさんあるため、凡人よりはるかに多くの組み合わせができ、その中で斬新なアイデアも生まれてくると考えられます」

アインシュタインの場合、物理学という分野の学問が彼を夢中にさせるほど魅力に溢れるものだったかもしれません。特にこの20世紀初頭の時代は、新しい物理学の幕開けの時代でもありましたから。

最後に、アインシュタインに憧れ彼に出会ったことで発奮した人の例をご紹介します。

ある若者が、アインシュタインが１９２２年に来日したときに会えたそうです。その若者は、後に有名な科学者になり、１９４４年に日本で初の国産の真空管を作り（この時まで真空管は輸入相当品だった）、戦後は品質管理を日本国内に普及させ、日本を世界最高の品質管理大国にした立役者です。彼の名は西堀栄三郎。第一次南極観測隊の隊長を務めた人です。

彼はアインシュタインと出会ったとき、この人物を超天才とは思わずに、臆することなく彼と接し、自分も頑張ればこのような人物になれるのではないかと感じたと書いています。筆者は今の日本の若者でもこの位の気概を持つことが必要だと思っています。

西堀栄三郎の言葉は次のようなものです。

三高一年生の十二月、兄の関係で、来日したアインシュタイン博士夫妻を京都、奈良に案内することになった。

博士が『相対性理論』でノーベル賞を受賞した直後で、その出会いはきわめて短い時間であり、学問上の接触ではなかったけれど、私にとっては心の革命を起こさせられた有意義な出会いであった。それは、アインシュタインといえども決して特別な人間ではなく、彼が修めた学問でも、やれば私にもできるかもしれないという信念が持てたことであった。京都、奈良と行動を共にしながら、私はその人間性に強く惹かれた。

理詰めでものを考えながら、誠実でしかも鋭い観察眼を持ち、探求心に燃えているその態度に敬服した。

西堀栄三郎

【参考文献】

アインシュタイン伝	矢野健太郎	新潮社
アインシュタインは語る	アリス・カラプリス	大月書店
アインシュタイン論文選集（1）	湯川秀樹監修	共立出版
アインシュタイン論文選集（2）	湯川秀樹監修	共立出版
アインシュタイン　愛の手紙	アインシュタイン他	岩波書店
物理学はいかにして創られたか	アインシュタイン他	岩波書店
博士の愛した数式	小川洋子	新潮社
Xはたの（も）しい	スティーヴ・ストロガッツ	早川書房
青春のアインシュタイン	フリュキガー	東京図書
評伝　アインシュタイン	フィリップ・フランク	岩波書店
天才バカボン	赤塚不二夫	竹書房
エレクトロン	ロバート・ミリカン	影国社
ブラウン運動	米沢冨美子	共立出版
原子	ペラン	岩波書店
26歳の奇跡三大業績	和田純夫	ベレ出版
奇跡の年 1905	J・Sリグデン	シュプリンガー
数学は相対論を語る	リリアン・R･リーバー	ソフトバンク
図解　相対性原理	佐藤勝彦	PHP研究所
天文対話	ガリレオ	岩波書店
これが物理だ	ウオルター・ルーウィン	文芸春秋
世界でもっとも美しい10の科学実験	ジョージ・ジョンソン	日経ＢＰ社
$E=mc^2$	デヴィット・ボダニス	早川書房
図解雑学・相対性理論	二間瀬敏史	ナツメ社
ピタゴラスの定理でわかる相対性理論	見城尚志／佐野茂	技術評論社
図解雑学・ＧＰＳのしくみ		ナツメ社
大人のための数学勉強法	永野　裕之	ダイヤモンド社
ヒッグス粒子を追え	フランク・クローズ	ダイヤモンド社
科学と方法	アンリ・ポアンカレ	岩波書店
情緒と創造	岡潔	講談社
吾輩は猫である	夏目漱石	新潮社
寺田寅彦随筆集	寺田寅彦	岩波文庫
漱石と寅彦	志村史夫	牧野出版
天才の通信簿	ゲルハルト・プラウゼ	講談社
天才のプライバシー	ゲルハルト・プラウゼ	講談社
西堀栄三郎選集	唐津一編	悠々社
オール１の落ちこぼれ、教師になる	宮本延春	角川書店
モオツアルト	小林秀雄	新潮社
ニュートン、別冊、宇宙、無からの創生		ニュートン・プレス
ニュートン 2014、２月号		ニュートン・プレス

Global Positioning System　インターネット英文 Wikipedia

【著者紹介】
大方　哲（おおかた　さとる）

１９３２年生まれ、東京理科大学、化学科卒。
サンケン電気入社、その後特許翻訳等、特許調査業務に従事。

中学の知識でわかるアインシュタイン理論

2015 年 12 月 28 日　第 1 刷発行
2016 年 3 月 23 日　第 2 刷発行

著者　大方　哲

装丁　ヤマシタ　ツトム

発行者　岡田　剛

発行所　株式会社　楓書店
〒 107-0061　東京都港区北青山 1-4-5 5F
TEL 03-5860-4328
http://www.kaedeshoten.com

発売元　株式会社　サンクチュアリ・パブリッシング（サンクチュアリ出版）
〒 151-0051　東京都渋谷区千駄ヶ谷 2-38-1
TEL 03-5775-5192 ／ FAX 03-5775-5193

印刷・製本　株式会社シナノ

ISBN978-4-86113-826-3